Darío Javier Ordóñez Sánchez
Verny Felipe Resabala Lara

Control Eléctrico Industrial

Darío Javier Ordóñez Sánchez
Verny Felipe Resabala Lara

Control Eléctrico Industrial

Análisis, Diseño y Ejercicios Resueltos

Editorial Académica Española

Imprint
Any brand names and product names mentioned in this book are subject to trademark, brand or patent protection and are trademarks or registered trademarks of their respective holders. The use of brand names, product names, common names, trade names, product descriptions etc. even without a particular marking in this work is in no way to be construed to mean that such names may be regarded as unrestricted in respect of trademark and brand protection legislation and could thus be used by anyone.

Cover image: www.ingimage.com

Publisher:
Editorial Académica Española
is a trademark of
International Book Market Service Ltd., member of OmniScriptum Publishing Group
17 Meldrum Street, Beau Bassin 71504, Mauritius
Printed at: see last page
ISBN: 978-620-0-40181-6

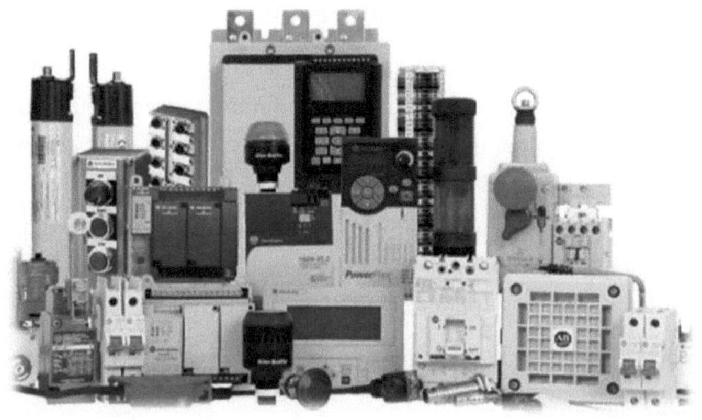

CONTROL ELÉCTRICO INDUSTRIAL
ANÁLISIS, DISEÑO Y EJERCICIOS RESUELTOS

Autor: Ing. Darío Javier Ordóñez Sánchez

Coautor: Ing. Verny Felipe Resabala Lara

Mayo,2020

Introducción

Un proceso industrial es un conjunto de pasos a seguir con el fin de elaborar un producto o desarrollar una activada ligada a la productividad. Implementar sistemas de control demanda el uso de maquinaria, equipos y tecnología acorde al objetivo o fin el proceso.

El control industrial optimiza la productividad de dichos procesos; al mejorar tiempos, aumentar producción, mejorar calidad, etcétera. La confiabilidad, seguridad y mantenibilidad de los sistemas son características fundamentales que deben poseer.

En procesos industriales operaciones tales como la inversión de marcha, el frenado, la limitación o variación de la velocidad, el torque y el control de la aceleración en máquinas eléctricas son frecuentes. También operaciones más complejas como la de secuenciación y sincronización de mecanismos.

El control eléctrico es una técnica de regulación de energía a los elementos o dispositivos, en principio, se debe disponerse de un conjunto de elementos físicos interconectados con el propósito de regular la energía demandada, realizando la tarea de control o acción de control.

Dedicatoria

A los estudiantes, técnicos no titulados y titulados, profesionales de la rama y personas en general que deseen aprender y capacitarse en el área de control eléctrico industrial.

Objetivo de aprendizaje:

Implementar circuitos de control industrial, elementos de protección, mando, maniobra, actuadores mecánicos, eléctricos y máquinas rotativas, para realizar aplicaciones prácticas orientadas a solucionar procesos productivos reales.

Resultados de aprendizajes:

- Identifica los elementos de protección y conmutación mediante los cálculos necesarios para su correcto dimensionamiento y aplicación en los circuitos de control industrial.

- Implementa circuitos de control industrial con la ayuda de elementos de conmutación y temporizadores para la posterior simulación y validación del correcto funcionamiento usando un software computacional de aplicación y simulación.

- Realiza diferentes circuitos que permiten el arranque de motores trifásicos, a través de módulos didácticos para decidir cuál es la mejor opción en un proceso industrial.

- Manipula correctamente dispositivos electrónicos basados en elementos de estado sólido como variadores de velocidad y arrancadores suaves por medio de aplicaciones prácticas para verificar el funcionamiento y aplicabilidad de los mismos en la industria.

Tabla de contenido

Índice de Tablas

Índice de Figuras

1 INTRODUCCIÓN

1.1 Fundamentos de Electrotecnia

1.1.1 Energía Eléctrica.

Es un fenómeno físico producto de una diferencia de potencial eléctrico entre dos puntos, en la cual se produce un movimiento de cargas eléctricas (electrones) que viajan por el interior de materiales con propiedades conductoras como el cobre.

La energía eléctrica es producida por centrales generadores que pueden ser de fuentes renovables o no renovables. Se fundamentan en el principio de conservación de la energía; en que esta no se crea ni se destruye. Un ejemplo, en las centrales de tipo hidráulicas se aprovecha el potencial cinético de embalses de agua para ejercer movimiento en máquinas eléctricas (turbinas) y transformar en energía eléctrica. La generación en el Ecuador esta estandarizada en parámetros de frecuencia de 60 Hz a una tensión de 35k.V - 13.8k.V – 6.9k.V – 4.16k.V – 2.4k.V.

1.1.2 Circuito Eléctrico.

Un circuito eléctrico está conformado de forma básica en la conexión física de una fuente de tensión y elementos como; resistencias, capacitores, inductancias, etcétera. Para que se defina como circuito eléctrico este debe estar cerrado en su conexión, para que pueda existir una diferencia de potencial y a su vez se genere un movimiento de cargas eléctricas por el mismo.

Ejemplos:

- Circuito de encendido de una lámpara de tipo led.

- Arranque de un motor eléctrico.

- La conexión de un aparato eléctrico a una toma corriente.

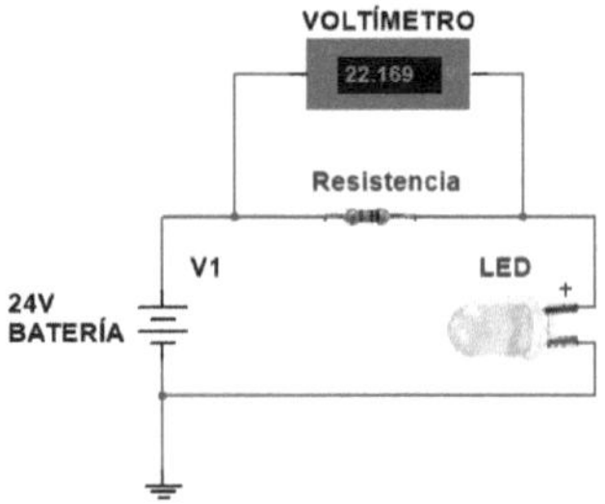

Fig.: 1 Circuito eléctrico: batería, resistencia, led

1.1.3 Sistemas de Unidades.

El sistema internacional de media (SI) adoptado por la Conferencia General de Pesos
y Medidas en el año de 1960, determina 6 unidades principales que dan origen a las
demás cantidades físicas. La característica principal de este sistema es que se basa en
prefijos de potencia 10 para sus relaciones entre unidades múltiples o submúltiplas.
(Charles K. Alexander, 2006)

Ejemplo: 100km, 100 000 m, 100 000 000 mm

Tabla 1 Unidades Básicas del SI

Cantidad	Unidad Básica	Símbolo
Longitud	Metro	m
Masa	Kilogramo	kg
Tiempo	Segundo	s
Corriente eléctrica	Ampere	A
Temperatura	Kelvin	K
Intensidad luminosa	Candela	cd

Multiplicador	Prefijo	Símbolo
10^{18}	Exa	E
10^{15}	peta	P
10^{12}	tera	T
10^{9}	giga	G
10^{6}	mega	M
10^{3}	Kilo	K
10^{2}	hecto	H
10	deca	Da
10^{-1}	deci	D
10^{-2}	centi	C
10^{-3}	mili	M
10^{-6}	micro	U
10^{-9}	nano	N
10^{-12}	Pico	P
10^{-15}	femto	F
10^{-18}	Atto	A

1.1.4 Carga Eléctrica y Corriente.

La Carga es una propiedad de tipo eléctrica que poseen todas las partículas atómicas compuestas por un material, su unidad de medida es el coulomb (C).

- El coulomb es una unidad grande para cargas eléctricas.
    - 1 C de carga = $6.24 * 10^{18}$ electrones.
    - Unidades de laboratorio de cargas pC, nC o uC.
- La carga eléctrica (electricidad) es móvil; puede ser transferida de un lugar a otro, donde puede ser convertida en otra forma de energía.

En un circuito eléctrico Fig.: 2 se alimenta a una fuente de tensión (batería), las cargas tienden a moverse; las cargas positivas se mueven en un sentido, mientras que las cargas negativas se mueven en sentido opuesta. Este movimiento de cargas genera la corriente eléctrica.

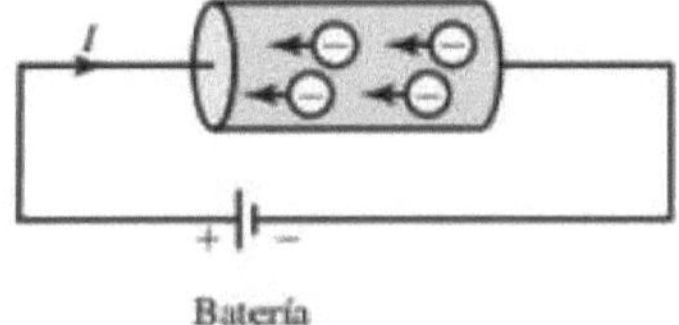

Fig.: 2 Carga eléctrica y corriente

- 1 amperio = 1 coulomb/segundo

- Si la corriente permanece constante en el tiempo, se conoce como corriente directa (cd).

- La corriente que varía con el tiempo es la corriente senoidal o corriente alterna (ca).

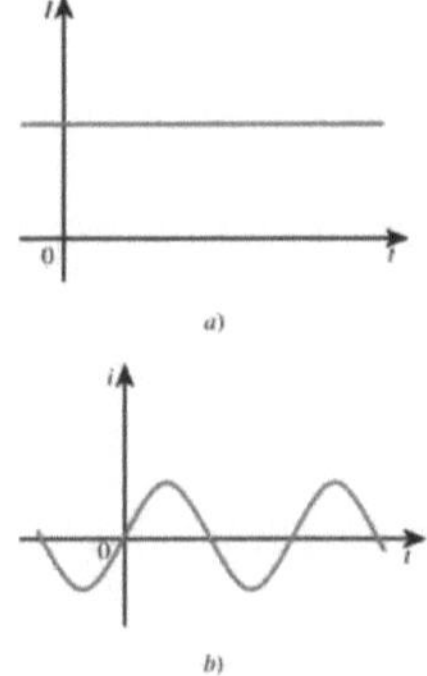

Fig.: 3 a) Corriente cd b) Corriente ac

1.1.5 Tensión Eléctrica.

Es la diferencia de potencial o tensión entre dos puntos de un campo eléctrico, se define, en el trabajo requerido para desplazar la unidad de carga eléctrica positiva de un punto al otro en contra o favor de las fuerzas del campo, su unidad de medida es el Voltio (V). (Edminister, 1986)

35k.V - 13.8 k.V – 6.9k.V – 4.16k.V – 2.4k.V	Generación	MEDIA TENSIÓN
500k.V / 230k.V - 138 k.V	Transmisión	MUY ALTA TENSIÓN / ALTA TENSIÓN
69 k.V -46 k.V	Sub- transmisión	ALTA TENSIÓN
34,50 k.V - 22,86 k.V – 22k.V 13.8k.V - 13.20K.V - 6.30k.V - 4.16k.V	Distribución	MEDIA TENSIÓN
120V / 240V	Servicio- Sistemas Monofásicos	BAJA TENSIÓN
120 V / 208 V 240 V/277 V / 480 V 480 V/347 V / 600 V	Servicio- Sistemas Trifásicos	BAJA TENSIÓN

1.1.6 Potencia y Energía Eléctrica.

Potencia es la variación respecto del tiempo de entrega o absorción de la energía, medida en watts (W). Surge de la multiplicación del diferencial de potencia o la tensión (V) a la que se somete el circuito y la intensidad de corriente i (A). La unidad resultante es el vatio (W). La potencia instantánea y la potencia absorbida o suministrada es igual a $p(W)=v(V) * i(A)$. (Charles K. Alexander, 2006)

La energía es la potencia eléctrica consumida en la unidad de tiempo. Por lo general las compañías proveedoras de electricidad miden la energía en vatios-horas Wh.

1.1.7 Ley de Ohm

Goerg Simon Ohm (1787 – 1854), fue un físico alemán que determino experimentalmente la relación entre las variables básicas de la electricidad en 1826. Los parámetros eléctricos relacionados son: la resistencia eléctrica, es la propiedad de los materiales para oponerse al paso de la corriente eléctrica, la tensión aplicada al circuito y la corriente eléctrica que se genera por el movimiento de cargas por un conductor.

- R= resistencia (Ω)
- I = intensidad de corriente (A)
- V= tensión aplicada (V)

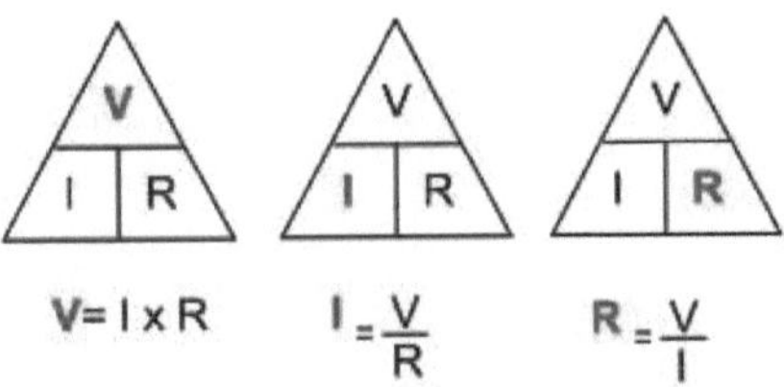

Fig.: 4 Ley de Ohm

1.1.8 Circuitos en Serie

Es la interconexión de elementos eléctricos en cascada o conectados principios con finales de los mismos. Para mayor entendimiento usaremos configuraciones de circuitos eléctricos resistivos.

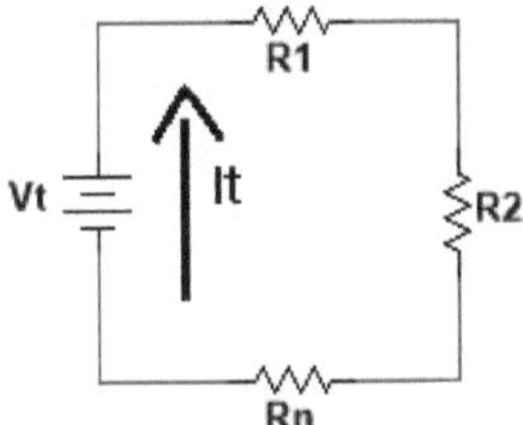

Fig.: 5 Circuito resistivo en serie

Las características que definen a un circuito en serie resistivo son las siguientes:

- $Vt = V1 + V2 + \dots Vn$

- $It = I1 = I2 = In$

- $Rt = R1 + R2 + \dots Rn$

1.1.9 Circuitos en paralelo

Su característica es la conexión paralela.

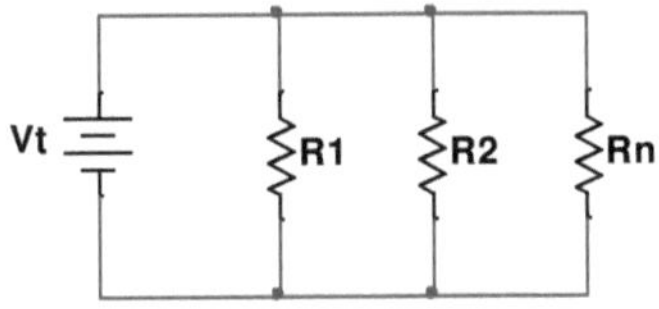

Fig.: 6 Circuito paralelo resistivo

Las características que definen a un circuito en paralelo resistivo son las siguientes:

- $Vt = V1 = V2 = \ldots Vn$

- $It = I1 + I2 + \ldots In$

- $1/Rt = 1/R1 + 1/R2 + \ldots 1/Rn$

1.2 Generación y Sistemas Eléctricos

1.2.1 Generación.

La energía eléctrica se obtiene en las centrales de generación, estas fuentes de energías pueden ser renovables o no. Consiste en transformar energía química, eólica, solar o hidráulica en energía eléctrica.

En el Ecuador, se genera desde centrales de tipo hidroeléctricas, termoeléctricas y eólicas. A continuación, se presenta un resumen de las centrales generadoras del País y su potencia nominal instalada y efectiva para ciertos casos.

Tabla 4 Centrales de generación eléctrica Ecuador, marzo-2019

Coca Codo Sinclair	• Quijos 50MW (46%) • Coca Codo Sinclair 1500 MW • Manduriacu 65MW	
Enerjubones	• Minas San Francisco 270 MW	
Hidroagoyán	• Agoyán 156MW promedio (126MW) • Pucará 123MW (promedio) • San Francisco 230 MW promedio (123MW)	
Hidroazogues	• San Antonio 7.19MW • Dudas 7.4MW • Alazán 6.23MW	GENERACIÓN HIDRÁULICA
Hidronación	• Central Hidroeléctrica Marcel Laniado y Daule Peripa 71MW (multi propósito Baba)	
Hidropaute	• Molino 1075 MW. • Sopladora 487 MW (proyecto) • Mazar 170 MW • Cardenillo 596MW (proyecto)	
Hidrotoapi (proyecto)	• Central Sarapullo 49 MW • Central Alluriquín 204 MW • Mini Central a pie de presa 1,4 MW	

Continuación:

Electroguayas	• Central Ing. Gonzalo Zevallos. • Central Trinitaria, • Central Dr. Enrique García, • Central Santa Elena II y III, • Centrales de CNEL. Aníbal Santos y Álvaro Tinajero. 769.26 MW y una potencia disponible a la fecha de 511.91MW	GENERACIÓN TÉRMICA
Termoesmeraldas	• Central Térmica Esmeraldas I 130MW • Central Térmica Esmeraldas II de 96MW	
Termo Machala	• Central Machala I 124MW • Central Machala II 120 MW	
Termopichincha	• Guangopolo 33 MW • Guangopolo II 48.7 MW • Sacha 20.4 MW • Isla Puná 2,2 MW • Galápagos 9,73 MW • Quevedo 102 MW • Jivino 11,2 MW • Santa Rosa 51MW	
Termomanabi	• Central Jaramijó 149.22MW • Central Manta II 20.4MW • Central Miraflores 27MW • Central TG1 22.8MW • Central Pedernales 4MW	
Gensur	• Central eólica Villonaco 16.5 MW	GENERACIÓN EÓLICA

1.2.2 Transmisión.

Consiste de manera general en el transporte de la energía eléctrica generada en las centrales. Para efectuar la transmisión los niveles de tensión de generación son elevados a valores de 69k.V(sub-transmisión) 138k.V, 230k.V y 500k.V.

Se efectuá la transformación de tensión para evitar las perdidas por efecto joule ($i^2 * R$), al elevar la tensión se reduce la corriente. El sistema está constituido por subestaciones de maniobra, de transformación, líneas y torres de transmisión.

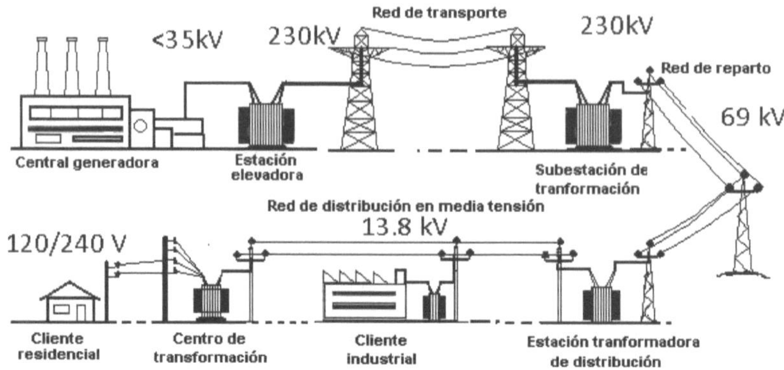

Fig.: 7 Sistema de Transmisión y Distribución Eléctrica

1.2.3 Distribución.

Tiene como función abastecer de energía desde la subestación de reducción de tensión hasta los usuarios finales.

1.2.4 Sistemas Eléctricos Monofásicos y Bifásicos.

Sistema Bifásico

Consta de 4 conductores; 2 líneas (fases) ,1 neutro y 1 conductor a tierra en las cuales se obtiene valores de tensión desfasados en su frecuencia 90°. Su origen puede ser derivado de un sistema trifásico o de un trasformador monofásico. El sistema está equilibrado y simétrico cuando la suma vectorial de las tensiones es nula (punto neutro).

$$Vl = \sqrt{2} * Vf$$

- Vl=tensión entre fases o línea

- Vf=tensión entre fase y neutro

$$Io = \sqrt{2} * If$$

- If=Intensidad de corriente conductor de fase

- Io=Intensidad de corriente conductor neutro

Sistema Monofásico

Consta de 3 conductores; 1 línea (fase) ,1 neutro y 1 conductor a tierra, la distribución monofásica de la electricidad es usada en cargas de bajo consumo energético; principalmente de iluminación, aparatos eléctricos/ electrónicos y para pequeños motores.

Para el caso de un motor eléctrico conectado a un sistema monofásico no generará un campo magnético giratorio, por lo que es necesario la implementación de circuitos adicionales para su arranque, son poco habituales motores en potencias mayores a los 10 kW.

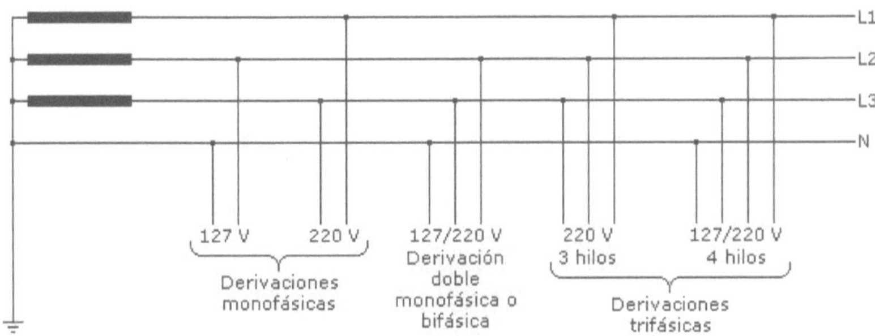

Fig.: 8 Sistemas monofásicos y bifásicos derivados de un sistema trifásico

1.2.5 Sistemas Eléctricos Trifásicos.

Consta de 5 conductores; 3 líneas (fases) ,1 neutro y 1 conductor a tierra, un sistema trifásico está formado por tres corrientes alternas monofásicos iguales desfasadas 120°.

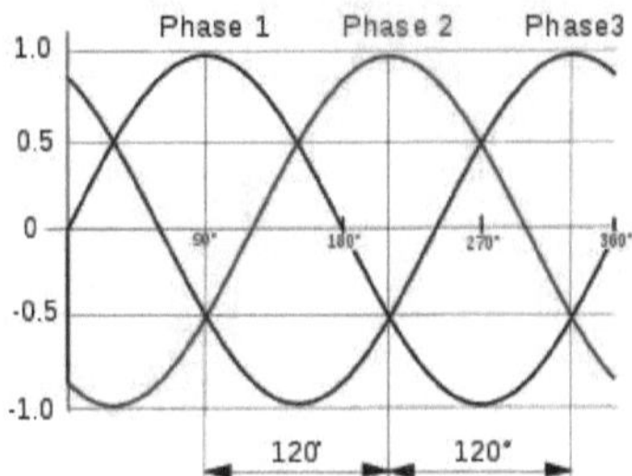

Fig.: 9 Sistema Trifásico

Las ventajas de usar este tipo de distribución son las siguientes:

- Para alimentar una carga de igual potencia eléctrica, las corrientes en los conductores son menores que las que se presentan en un sistema monofásico.

- Para una misma potencia, las máquinas eléctricas son de menor tamaño que las usadas en sistemas eléctricas monofásicas.

Conexión en Y (Estrella): (tensión de fase = tensión línea / 1.73)

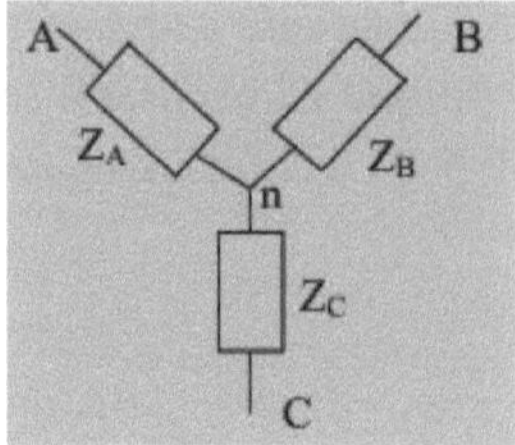

Fig.: 10 Conexión Estrella

Conexión en (Delta): (tensión de fase = tensión línea)

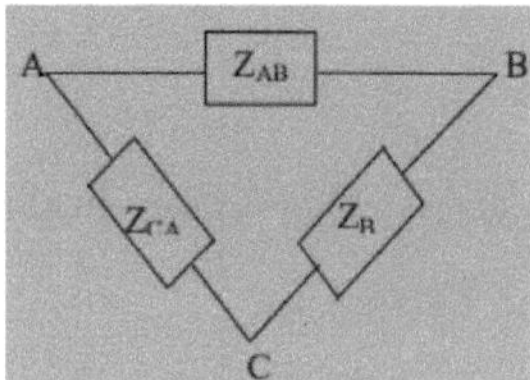

Fig.: 11 Conexión Delta

Secuencia de fases: Dado que las fases están desfasadas entre sí 120°, existen combinaciones según el orden en que estas cruzan por cero.

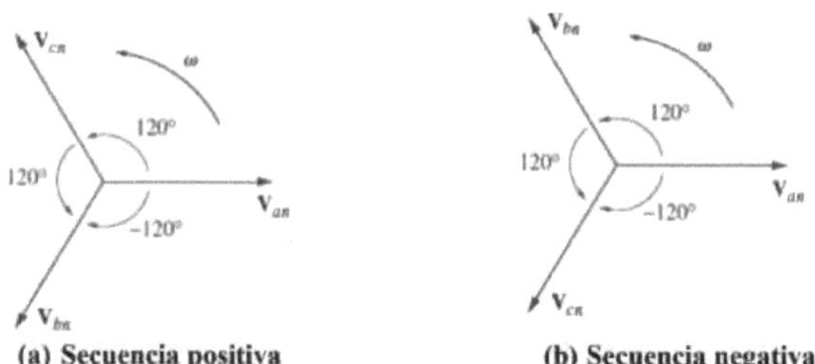

Fig.: 12 Secuencia de fase

Razones por las cuales elegir una conexión trifásica:

- Si se requiere de una gran potencia, para una industria o Empresa

- Si el domicilio se encuentra a gran distancia con el punto de conexión con la red eléctrica, suele darse en áreas rurales.

- Si se posee aparatos que demanden gran cantidad de energía.

CONTINUA	ALTERNA	
	MONOFÁSICA	TRIFÁSICA
$I = P/V$	$I = \dfrac{P}{V \cdot \cos\varphi}$	$I = \dfrac{P}{\sqrt{3} \cdot V_L \cdot \cos\varphi}$
V: Tensión en Voltios (V) V_L: Tensión de línea en Voltios (V) I: Intensidad en Amperios (A)	P: Potencia en Vatios (W) cos φ: factor de potencia.	

Fig.: 13 Formulas monofásicas y trifásicas

1.3   Factor de Potencia (Fp)

Relación que se mantiene entra la potencia activa (P –Vatios) y la potencia aparente (S-Voltio Amperios)

$$Fp = P/S$$

Se interpreta como la capacidad que tiene una carga (ejemplo: motores) en absorber potencia activa. En cargas netamente resistivas el Fd es 1; y en elementos inductivos y capacitivos ideales sin resistencia el Fp es 0. En términos generales se pude definir como la eficiencia del sistema eléctrico entre la energía real con el aprovechamiento de la misma.

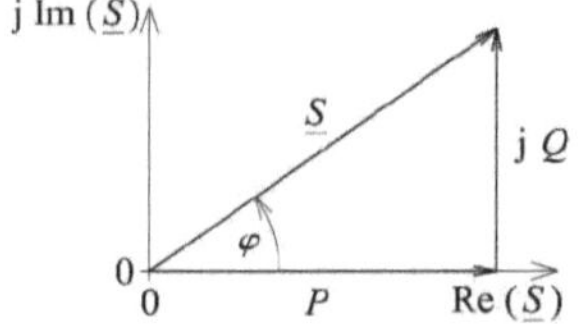

Fig.: 14 Triángulo de potencias activa P(W), aparente S(VA) y reactiva Q (VAR), sin consideración de armónicos

Analizando el factor de potencia se puede determinar las condiciones del sistema; Un Fp en adelanto significa que la intensidad de corriente se adelanta con respecto a la tensión, lo que envuelve mayor carga capacitiva y potencia reactiva negativa. Un Fp en atraso representa que la intensidad de corriente se retrasa con respecto a la tensión, lo que implica carga inductiva y potencia reactiva positiva.

A continuación, se presenta beneficios de tener un factor de potencia ideal (Fp=1)

- Sección de conductores de menor calibres.

- Reducción en pérdidas en líneas de alimentadores efecto joule, las pérdidas en vatios (debidas a la resistencia de los conductores)

- Disminución de la caída de tensión.

- Aumento de la potencia disponible.

- Optimiza la cargabilidad de los transformadores.

1.3.1 Corrección del Factor de Potencia.

Para corregir el factor de potencia de un sistema es común el uso de banco de capacitores, y así el ingreso de compensación de carga reactiva negativa al sistema.

Ejemplo: Una planta industrial cuenta con un motor trifásico de 100k.W / Fp=0.8 / V=460 V que alimenta un compresor de tornillo de un equipo de refrigeración, se desea calcular el tamaño del banco en KVAR para obtener un Fp=0.96 y mejorar la eficiencia del sistema.

PASO 1: Calculo de la potencia activa y aparente que consume el equipo.

$$P = 100\ k.W$$

$$Fp = \frac{P(k.W)}{S(k.VA)} = \frac{Potencia\ Activa}{Potencia\ Aparente}$$

$$S(k.VA) = \frac{P(k.W)}{Fp} = \frac{100}{0.8} = 125\ k.VA$$

PASO 2: Obtención de la potencia reactiva actual Qi (k.VAR)

$$S^2(k.VA) = P^2(k.W) + Q^2(k.VAR)$$

$$Q^2 = S^2 - P^2$$

$$Q^2 = 125^2 - 100^2$$

$$Qi = \sqrt{125^2 - 100^2} = 75\ (k.VAR)$$

PASO 3: Obtención de la potencia activa y reactiva deseada Qf (k.VAR)

$$S(k.VA) = \frac{P(k.W)}{Fp(deseado)} = \frac{100}{0.96} = 104.17\ k.VA$$

$$Q^2 = S^2 - P^2$$

$$Q^2 = 104.17^2 - 100^2$$

$$Qf = \sqrt{104.17^2 - 100^2} = 29.18\ (k.VAR)$$

PASO 4: Calculo del tamaño del banco de capacitores Qr (k.VAR) para la corrección del Fp

$$Qi - Qf = Qr = 75\ k.VAR - 29.18\ k.VAR = 45.82\ k.VAR$$

$$C = \frac{Qr}{(U^2 * 2\Pi * Fr)} = \frac{45.82 * 10^9}{460^2 * 2\pi * 60} = 574.39 \, uF \, (Micro - Faradios)$$

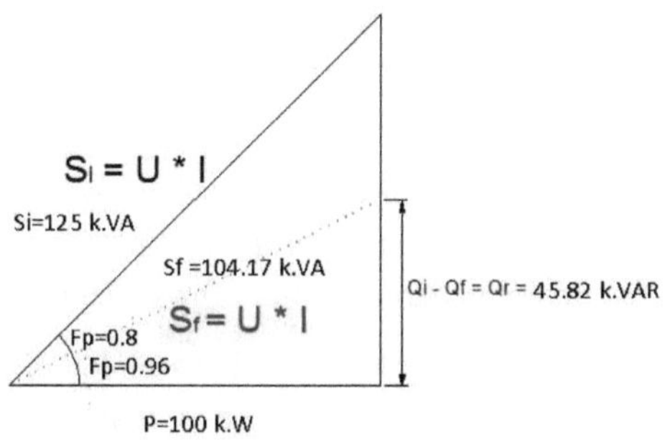

Fig.: 15 Corrección de Fp

2 CONTROL ELÉCTRICO INDUSTRIAL

2.1 Introducción al Control Eléctrico

Un proceso industrial es un conjunto de pasos a seguir con el fin de elaborar un producto o desarrollar una activada ligada a la productividad. Implementar sistemas de control demanda el uso de maquinaria, equipos y tecnología acorde al objetivo o fin el proceso.

El control industrial optimiza la productividad de dichos procesos; al mejorar tiempos, aumentar producción, mejorar calidad, etcétera. La confiabilidad, seguridad y mantenibilidad de los sistemas son características fundamentales que deben poseer.

En procesos industriales operaciones tales como la inversión de marcha, el frenado, la limitación o variación de la velocidad, el torque y el control de la aceleración en máquinas eléctricas son frecuentes. También operaciones más complejas como la de secuenciación y sincronización de mecanismos.

El control eléctrico es una técnica de regulación de energía a los elementos o dispositivos, en principio, se debe disponerse de un conjunto de elementos físicos interconectados con el propósito de regular la energía demandada, realizando la tarea de control o acción de control. Con base en lo indicado anteriormente, puede hacerse una clasificación general de los controladores según el tipo de energía:

- Neumáticos

- Hidráulicos

- Mecánicos

- Eléctricos

- Otros

2.2 Clasificación de los Sistemas de Control Eléctricos

El tipo de carga y la tarea de control o el grado de regulación que debe hacerse sobre ella es lo que define la naturaleza del controlador a usar en una aplicación específica. Por ello, los controladores para sistemas eléctricos se han clasificado más precisamente como:

- Eléctricos (residencial)

- Electromagnéticos

- Electrónicos

Los dispositivos asociados a un sistema de control electromagnético presentan características muy ventajosas para realizar las unidades de regulación o de mando que requieren las cargas industriales, y particularmente la más importante: el motor eléctrico.

<u>Ventajas del control electromagnético:</u>

- Reduce el esfuerzo humano en tareas de acción física e intelectual.

- Disminuye la exigencia en habilidades del operador de máquinas.

- Centralización del control del sistema y seguridad para los operarios

- Manejo de sistemas eléctricos de control de baja carga eléctrica.

- Permite la vigilancia y supervisión

- Características de mantenibilidad ante el remplazo rápida de piezas y componentes. Además, servicio de mantenimiento simplificado por el diseño de los mismos.

- Componentes robustos, flexibles y compactos.

- Confiabilidad por el uso y continuidad que proporcionan bajo condiciones anormales de trabajo.

- Posibilita la automatización.

Los sistemas de control electrónicos modernos emplean controladores programables ofrecen excelentes alternativas para el control y maniobra de las cargas eléctricas de sistemas complejos, la tendencia actual es la de combinar los dispositivos electromagnéticos con los electrónicos para introducir controladores más pequeños, económicos, confiables, y sobre todo capaces de realizar tareas más complejas.

2.3 Normativa y Simbología

2.3.1 Normativa.

La normativa de la Comisión Electrotécnica Internacional **IEC 60947** comprende aspectos fundamentales para el diseño y puesta en marcha de sistemas de control.

- IEC 60947-1: Normas generales

- IEC 60947-2: Interruptores automáticos

- IEC 60947-3: Interruptores seccionadores

- IEC 60947-4: Contactores y arrancadores

- IEC 60947-5.1 y siguientes: aparatos de circuitos de control y elementos de conmutación; componentes de control automático.

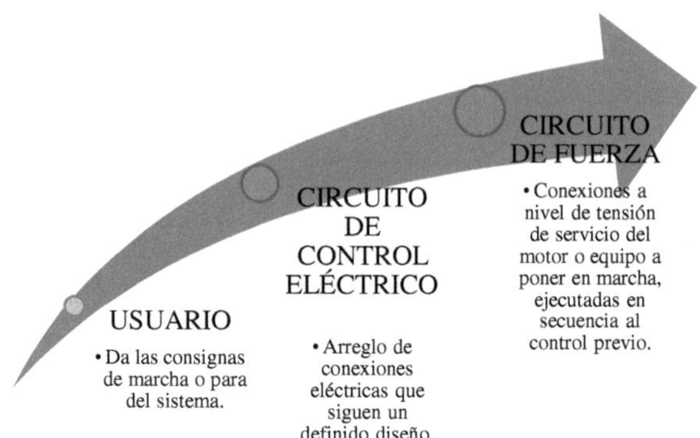

Fig.: 16 Sistema eléctrico de control

En un sistema de control electromagnético intervienen diversos dispositivos. En la norma **IEC 60947** (Low Voltage Switchgear and Controlgear) expresa los requerimientos obligatorios que se necesita.

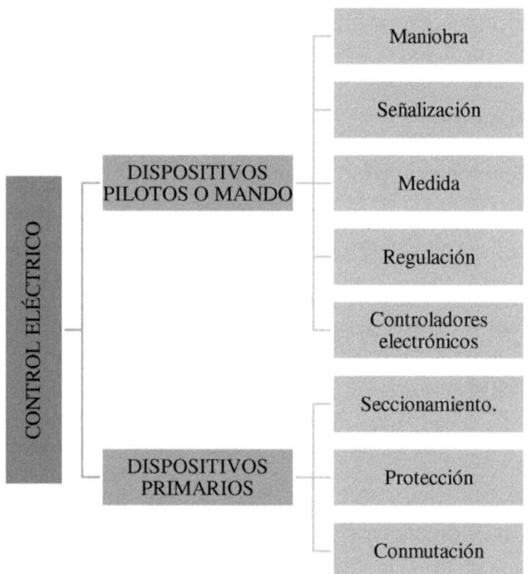

Fig.: 17 Requerimientos basados en norma IEC 60497

2.3.2 Simbología.

La simbología está referida a la norma **IEC 1082-1** donde se define y fomenta los símbolos gráficos y las reglas numéricas o alfanuméricas que deben utilizarse para identificar los aparatos, diseñar los esquemas y realizar los equipos eléctricos.

Tabla 5 Colores conductores control, norma IEC 60204/ EN 60204

COLOR	APLICACIÓN
Rojo	Circuitos de control ac
Azul	Circuitos de control dc
Verde /amarillo	Protección tierra 30/70%

La normativa **IEC 60446** define criterios para identificación y marcación de conductores por colores o números.

Tabla 6 Colores conductores, norma IEC 60446

COLOR	APLICACIÓN
Marrón	Línea 1 ac
Negro	Línea 2 ac
Gris	Línea 3 ac
Marrón	Para una solo línea ac /monofásico
Azul	Neutro
Verde /amarillo	Protección tierra 30/70%

Corriente alterna	$\sim$
Corriente continua	=
Corriente rectificada	$\simeq$
Corriente alterna trifásica de 50 Hz	3 $\sim$ 50 Hz
Tierra	
Masa	
Tierra de protección	
Tierra sin ruido	

Fig.: 18 Naturaleza de las corrientes, normas IEC 1082-1

Conductor, circuito auxiliar	
Conductor, circuito principal	
Haz de 3 conductores	L1 / L2 / L3
Representación de un hilo	
Conductor neutro (N)	
Conductor de protección (PE)	
Conductor de protección y neutro unidos	
Conductores apantallados	
Conductores par trenzado	

Fig.: 19 Tipos Conductores, norma IEC 1082-1

Descripción		Símbolo	Descripción	Símbolo
Contacto "NA" (de cierre)	1 – principal 2 – auxiliar		Contactos de dos direcciones no solapado (apertura antes de cierre)	
Contacto "NC" (de apertura)	1 – principal 2 – auxiliar		Contactos de dos direcciones solapado	
Interruptor			Contacto de dos direcciones con posición mediana de apertura	
Seccionador			Contactos presentados en posición accionada	NO NC
Contactor			Contactos de apertura o cierre anticipado. Funcionan antes que los contactos restantes de un mismo conjunto	NO NC
Ruptor			Contactos de apertura o cierre retardado. Funcionan más tarde que los contactos restantes de un mismo conjunto	NO NC
Disyuntor			Contacto de paso con cierre momentáneo al accionamiento de su mando	
Interruptor-seccionador			Contacto de paso con cierre momentáneo al desaccionamiento de su mando	
Interruptor-seccionador de apertura automática			Contactos de cierre de posición mantenida	
Fusible-seccionador			Interruptor de posición	NO NC
			Contactos de cierre o apertura temporizados al accionamiento	NO NC
			Contactos de cierre o apertura temporizados al desaccionamiento	NO NC

Fig.: 20 Contactos, norma IEC 1082-1

Mando electromagnético Símbolo general		Relé de medida o dispositivo emparentado Símbolo general	
Mando electromagnético Contactor auxiliar		Relé de sobreintensidad de efecto magnético	
Mando electromagnético Contactor		Relé de sobreintensidad de efecto térmico	
Mando electromagnético de 2 devanados		Relé de máxima corriente	
Mando electromagnético de puesta en trabajo retardada		Relé de mínima tensión	
Mando electromagnético de puesta en reposo retardada		Relé de falta de tensión	
Mando electromagnético de un relé de remanencia		Dispositivo accionado por frecuencia	
Mando electromagnético de enclavamiento mecánico		Dispositivo accionado por el nivel de un fluido	
Mando electromagnético de un relé polarizado		Dispositivo accionado por un número de sucesos	
Mando electromagnético de un relé intermitente		Dispositivo accionado por un caudal	
Mando electromagnético de un relé por impulsos		Dispositivo accionado por la presión	
Mando electromagnético de accionamiento y desaccionamiento retardados			
Bobina de relé RH temporizado en reposo			
Bobina de relé RH de impulso en desactivación			
Bobina de electroválvula			

Fig.: 21 Mandos de control y órganos de medida, norma IEC 1082-1

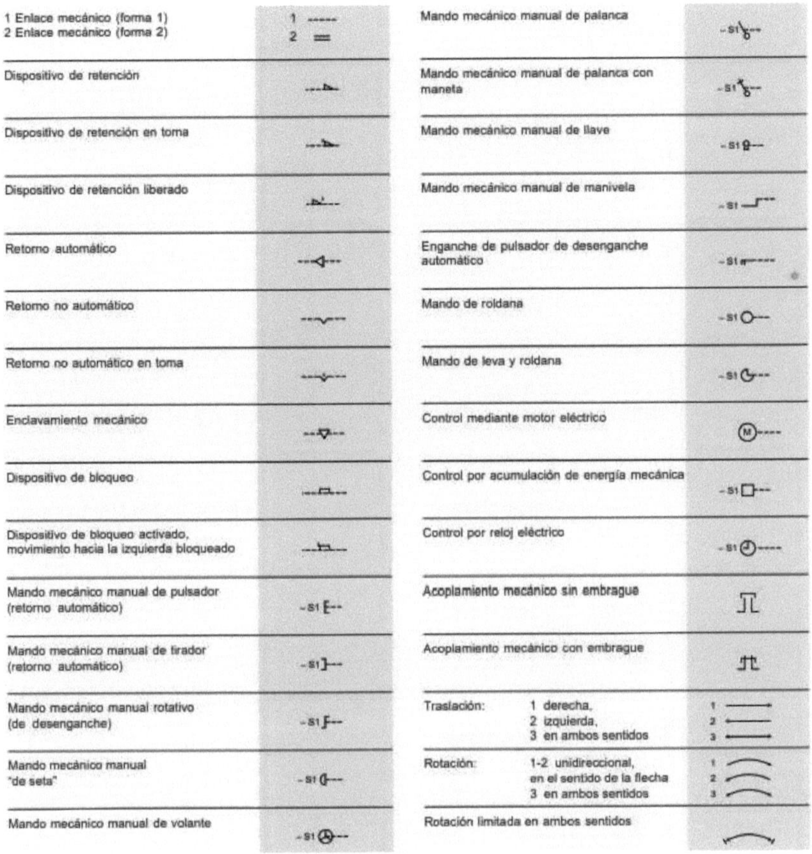

Símbolo		Símbolo	
1 Enlace mecánico (forma 1)		Mando mecánico manual de palanca	
2 Enlace mecánico (forma 2)			
Dispositivo de retención		Mando mecánico manual de palanca con maneta	
Dispositivo de retención en toma		Mando mecánico manual de llave	
Dispositivo de retención liberado		Mando mecánico manual de manivela	
Retorno automático		Enganche de pulsador de desenganche automático	
Retorno no automático		Mando de roldana	
Retorno no automático en toma		Mando de leva y roldana	
Enclavamiento mecánico		Control mediante motor eléctrico	
Dispositivo de bloqueo		Control por acumulación de energía mecánica	
Dispositivo de bloqueo activado, movimiento hacia la izquierda bloqueado		Control por reloj eléctrico	
Mando mecánico manual de pulsador (retorno automático)		Acoplamiento mecánico sin embrague	
Mando mecánico manual de tirador (retorno automático)		Acoplamiento mecánico con embrague	
Mando mecánico manual rotativo (de desenganche)		Traslación: 1 derecha, 2 izquierda, 3 en ambos sentidos	
Mando mecánico manual "de seta"		Rotación: 1-2 unidireccional, en el sentido de la flecha, 3 en ambos sentidos	
Mando mecánico manual de volante		Rotación limitada en ambos sentidos	

Fig.: 22 Mandos mecánicos, norma IEC 1082-1

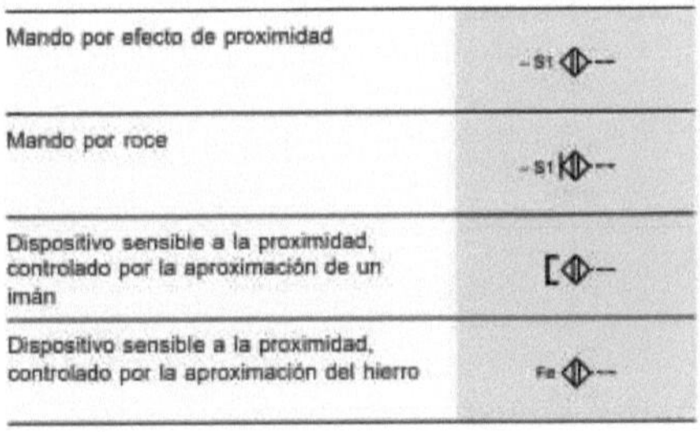

Símbolo	
Mando por efecto de proximidad	
Mando por roce	
Dispositivo sensible a la proximidad, controlado por la aproximación de un imán	
Dispositivo sensible a la proximidad, controlado por la aproximación del hierro	

Fig.: 23 Mandos eléctricos, norma IEC 1082-1

Cortocircuito fusible	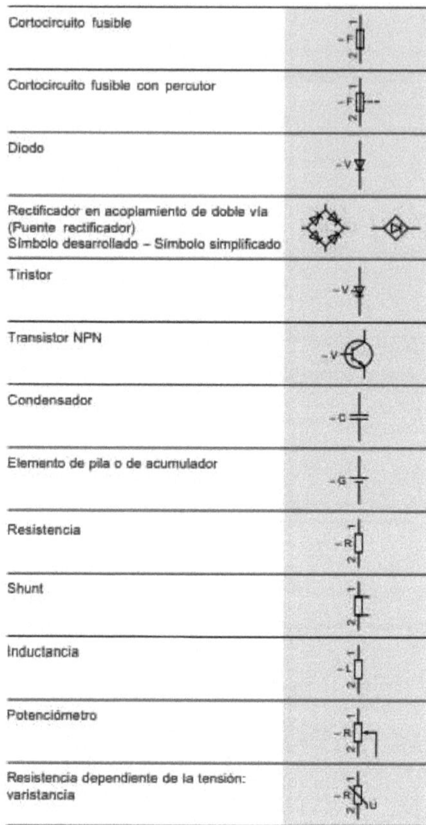
Cortocircuito fusible con percutor	
Diodo	
Rectificador en acoplamiento de doble vía (Puente rectificador) Símbolo desarrollado – Símbolo simplificado	
Tiristor	
Transistor NPN	
Condensador	
Elemento de pila o de acumulador	
Resistencia	
Shunt	
Inductancia	
Potenciómetro	
Resistencia dependiente de la tensión: varistancia	

Fig.: 24 Materiales y otros elementos, norma IEC 1082-1

Transformador de tensión		Válvula	
Autotransformador		Electroválvula	
Transformador de corriente		Contador de impulsos	
Chispómetro		Contador sensible al roce	
Pararrayos		Contador sensible a la proximidad	
Arrancador de motor Símbolo general		Detector de proximidad inductivo	
Arrancador estrella-triángulo		Detector de proximidad capacitivo	
Aparato indicador Símbolo general		Detector fotoeléctrico	
Amperímetro			
Aparato grabador Símbolo general		Convertidor (símbolo general)	
Amperímetro grabador			
Contador Símbolo general			
Contador de amperios-hora			
Freno Símbolo general			
Freno apretado			

Fig.: 25 Materiales y otros elementos, norma IEC 1082-1

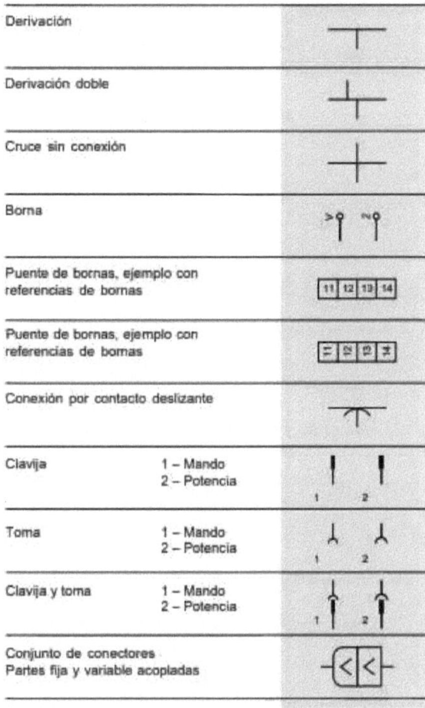

Lampara de señalización o de alumbrado (1)	
Dispositivo luminoso intermitente (1)	
Avisador acústico	
Timbre	
Sirena	
Zumbador	

Fig.: 26 Señalización, norma IEC 1082-1

Derivación	
Derivación doble	
Cruce sin conexión	
Borna	
Puente de bornas, ejemplo con referencias de bornas	
Puente de bornas, ejemplo con referencias de bornas	
Conexión por contacto deslizante	
Clavija 1 – Mando 2 – Potencia	
Toma 1 – Mando 2 – Potencia	
Clavija y toma 1 – Mando 2 – Potencia	
Conjunto de conectores Partes fija y variable acopladas	

Fig.: 27 Bornes y conexión, norma IEC 1082-1

The figure shows a table of rotating electrical machine symbols:

Motor asíncrono trifásico, de rotor en cortocircuito	Generador de corriente alterna
Motor asíncrono monofásico	Generador de corriente continua
Motor asíncrono de dos devanados estátor separados (motor de dos velocidades)	Conmutador (trifásico / continuo) de excitación en derivación
Motor asíncrono con seis bornas de salida (acoplamiento estrella-triángulo)	Motor de corriente continua de excitación separada
Motor asíncrono de acoplamiento de polos (motor de dos velocidades)	Motor de corriente continua de excitación en serie
Motor asíncrono trifásico, rotor de anillos	Motor de corriente continua de excitación compuesta
Motor de imán permanente	

Fig.: 28 Máquinas eléctricas giratorias, norma IEC 1082-1

2.3.3 Etiquetado y referencia

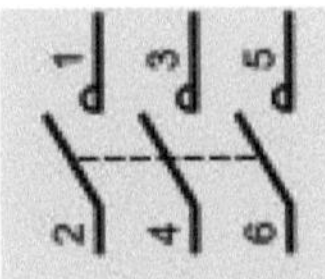

Fig.: 29 Contactos principales, norma IEC 1082-1

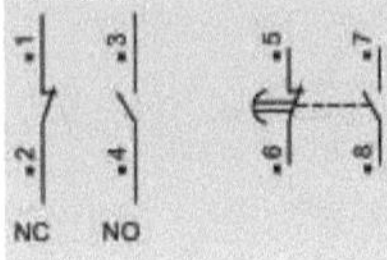

Fig.: 30 Contactos auxiliares , norma IEC 1082-1

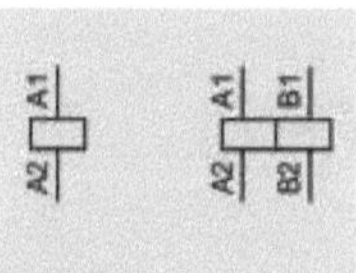

Fig.: 31 Mandos de control, , norma IEC 1082-1

A continuación, se detalla la clasificación por letras de las referencias.

Tabla 7 Referencia de elementos, norma IEC 1082-1

REFERENCIA	DESCRIPCIÓN	EJEMPLO
A	Conjuntos, subconjuntos funcionales (de serie)	Amplificador, transistores
B	Transductores de una magnitud	Sensores, tacómetro, anemómetro, manómetro
C	Condensadores	
D	Operadores binarios	Memoria, dispositivos temporización
E	Materiales varios alumbrados	Calefacción, elementos no especificados
F	Dispositivos de protección cortocircuito, limitador de sobretensión, pararrayos	Fusibles, detector de fases
G	Generadores dispositivos de alimentación	Alternador, baterías acumuladores, vdf
H	Dispositivos de señalización	Luces pilotos, sirenas, balizas
K	Relés de automatismo y contactores	
Ka	Relés de automatismo y contactores auxiliares	Contactor temporizado, etc
Km	Contactores de potencia	Contactor de fuerza
L	Inductancias bobina de inducción, bobina de bloqueo	
M	Motores	
N	Subconjuntos (no de serie)	

P	Instrumentos de medida y de prueba	Contador de pulsos, contador de horario
Q	Aparatos mecánicos de conexión para circuitos de potencia	Disyuntores, seccionadores
R	Resistencias resistencia regulable	Potenciómetro
S	Aparatos mecánicos de conexión para circuitos de control	Pulsador, interruptores, selectores
T	Transformadores de tensión y corriente	
U	Moduladores	VDF
V	Tubos electrónicos, semiconductores	Diodos, tiristor,
W	Vías de transmisión, guías de ondas, antenas	Conductores
X	Bornas, clavijas, zócalos clavija y toma de conexión	Borneras, placas
Y	Aparatos mecánicos accionados eléctricamente, etc	Freno electromecánico, electroválvulas
Z	Cargas correctivas, transformadores diferenciales, filtros correctores	

2.4 Dispositivos Pilotos o de mando

2.4.1 Pulsador.

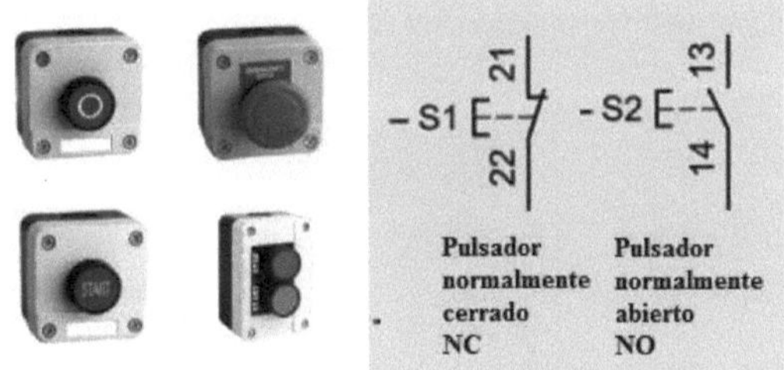

Fig.: 32 Pulsador, norma IEC 1082-1

Tabla 9 Colores para pulsadores, norma IEC/EN 60204

COLOR	SIGNIFICADO	APLICACIÓN
Rojo	Parada normal o emergencia	Parada de motores eléctricos, elementos móviles o eventos de emergencia parada.
Amarillo	Evento anormal	Intervenir en acciones anormales o retroceso a puntos de partida de sistemas.
Azul	Mandatorio	Actúa para condiciones de acción de mandato o resetear sistemas
Verde	Acción normal marcha	Puesta en marcha inicial
Blanco, gris y negro	Para funciones que no se especifique	Desenclavamiento o reposición de contactores.

2.4.2 Conmutador (Selector)

Establece una conexión entre circuitos. Abre o cierra contactos de acuerdo con una posición seleccionada.

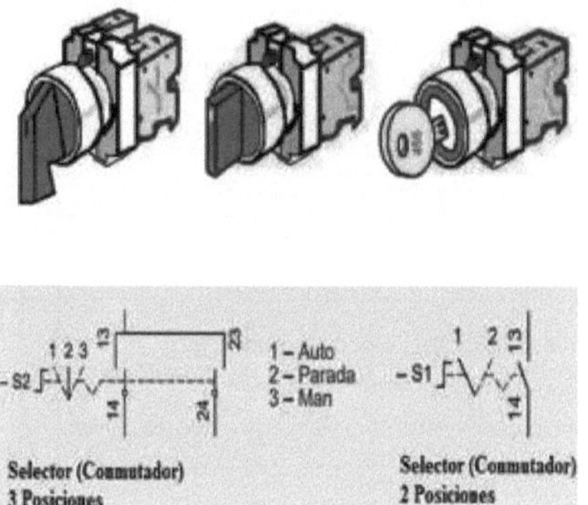

Fig.: 33 Selector, norma IEC 1082-1

2.4.3 Señalización visual y/o luminosa

Indican de manera visual y/o auditiva el estado del sistema.

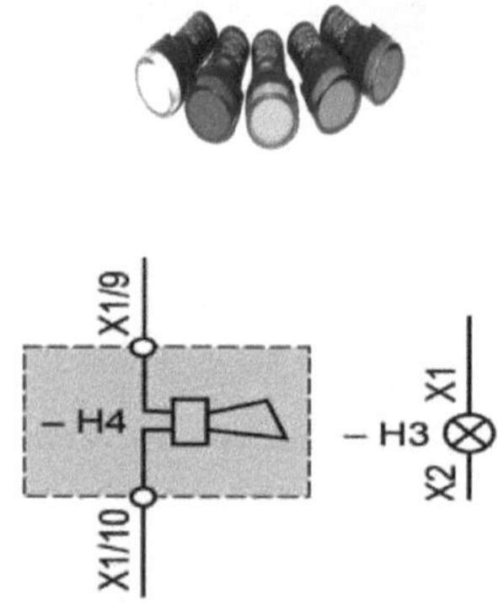

Fig.: 34 Señal auditiva y Luz piloto, norma IEC 1082-1

Las normas **IEC 60204 / EN 60204-1** establece el código de colores para los visualizadores y los pilotos.

COLOR	SIGNIFICADO	ACCIÓN OPERADOR
Rojo	Emergencia	Intervención inmediata por operador, antes de reiniciar solucionar el fallo.
Amarrillo	Evento anormal	Monitorizar el evento anormal
Azul	Mandatorio	Resetear el sistema o acción mandataria
Verde	Acción normal	
Blanco	Neutral / otras condiciones	Monitorizar

2.4.4 Interruptores Automáticos.

- Nivel (Flotador)

El interruptor de control de nivel se utiliza principalmente para controlar el arranque y la parada de los grupos de bombas eléctricas y para indicar el nivel del depósito. Su diseño le permite controlar tanto el punto alto (bomba de desagüe) como el punto bajo (bomba de alimentación).

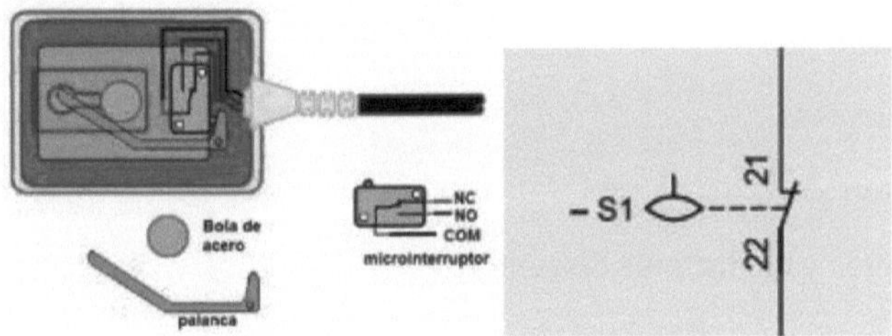

Fig.: 35 Interruptor Flotador, norma IEC 1082-1

- Presión (Presostato)

Interruptor automático accionado por elemento mecánico operado por presión.

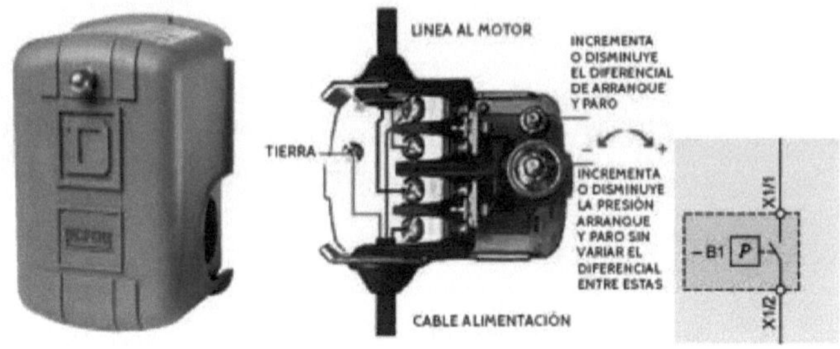

Fig.: 36 Interruptor Presión, norma IEC 1082-1

- Temperatura (Termostato)

Interruptor automático accionado por temperatura.

Fig.: 37 Interruptor Temperatura, norma IEC 1082-1

2.5 Elementos de Seccionamiento

La operación de seccionamiento esta especificada en la norma IEC 60947-3, de manera general consiste en la acción de desconectar circuitos eléctricos de su alimentación y aislarlos. Se adiciona a esta acción elementos de enclavamiento para su reposición de manera accidental.

- Seccionadores

- Interruptores seccionadores

- Disyuntores y contactores disyuntores

La acción de desconexión se puede realizar bajo carga o sin carga dependiendo de las características del seccionador y/o interruptor.

MANIPULACIÓN	SECCIONADOR	INTERRUPTOR	INTERRUPTOR SECCIONADOR
Con carga	No	Sí	Sí
Sin carga	Sí	No	Sí

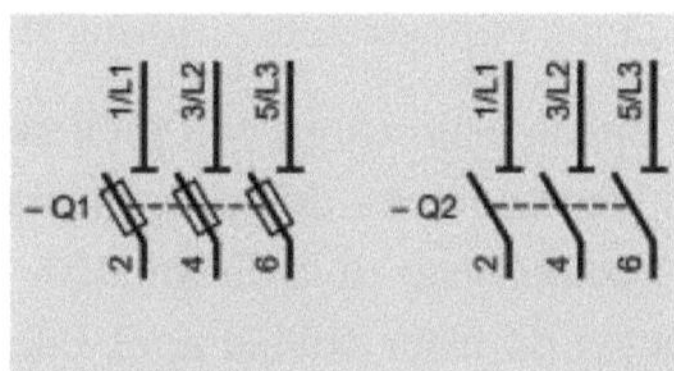

Fig.: 38 Seccionador con y sin fusibles

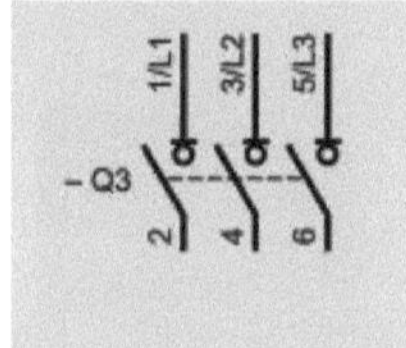

Fig.: 39 Interruptor – seccionador

2.5.1 Seccionador.

"El seccionador es un aparato mecánico de conexión que en posición abierta cumple las prescripciones especificadas para la función de seccionamiento" (norma IEC 60947-3). Constructivamente entre sus elementos principales posee un bloque de contactos tripolar o tetrapolar, contactos auxiliares (control automático o alarma) y el mecanismo de accionamiento para apertura/ cierre manual de los polos.

Es un dispositivo de ruptura lenta, al estar influenciado por la velocidad de acción por parte del operador. Se debe accionar sin carga aguas abajo del interruptor. Los contactos auxiliares que posee se conectan en serie a las bobinas del contactor y operan primero a los polos de fuerza para garantizar que en caso de apertura accidental o por emergencia no se encuentre bajo carga el seccionador.

Fig.: 40 Seccionador

2.5.2 Interruptor- Seccionador.

"El interruptor es un aparato mecánico de conexión capaz de establecer, tolerar e interrumpir corrientes en un circuito en condiciones normales, incluidas las condiciones especificadas de sobrecarga durante el servicio, y tolerar durante un tiempo determinado corrientes dentro de un circuito en las condiciones anómalas especificadas, como en caso de un cortocircuito" (norma IEC 60947-3).

Diseñado y construido para operar bajo carga con total seguridad siempre y cuando esté estandarizado a las especificaciones de la normativa. Se debe considerar la amplitud de seccionamiento que consiste en la distancia de apertura de los contactos y de garantizar que los contactos de estar soldados el interruptor seccionador no se puedan poner en marcha.

Fig.: 41 Interruptor - seccionador

2.6 Elementos de Protección

Sin discriminar todo elemento receptor de electricidad (motores, bombas, resistencias, etc) sufren anomalías de tipo eléctrico y/o mecánicas.

- Falla por Sobretensión, subtensión, desequilibrio o perdidas de fases provocando variaciones en la corriente absorbida por el receptor.

- Falla por Cortocircuito, unión de dos conductores de diferente potencial a una resistencia muy baja.

- Falla por Sobrecarga, consumido anormal de corriente por el receptor, puede ser ocasionada por un sobreesfuerzo mecánico o condiciones eléctricas del mismo.

En general, todo dispositivo de protección en concordancia con la normativa se diseña y construye para actuar ante valores anormales superiores a 10 veces la corriente nominal en falla de tipo cortocircuito y en fallas de sobrecargas hasta 10In para garantizar la seguridad e integridad de las personas, receptores y elementos de protección.

2.6.1 Protección Contra Cortocircuitos.

La falla por cortocircuito se origina al existir contacto entre dos puntos de distinto potencial eléctrico. Ejemplos; contacto entre fase y fase directamente o fase y neutro para sistemas de corriente alterna.

Algunas causas posibles de un cortocircuito:

- Conductores rotos

- Mal contacto entre borneras

- Falla de asilamiento

- Presencia de objetos extraños

- Condiciones del medio (polvo, humedad)

El efecto de ocurrir un fallo de este tipo, es el incremento exponencial y grande de la corriente absorbida por el receptor. En tiempos de milésimas de segundos puede incurrir en valores de corriente sobre las 100 In, originando daños de tipo electrodinámicos y térmicos que dañan a los receptores, conductores, etc.

Los elementos utilizados para este tipo de falla son:

- Fusibles, elemento que se funde a sobre pasar los límites de corriente. Permite la reconexión remplazando el elemento.

- Disyuntores, interrumpen el circuito y lo seccionan ante valores anormales de corriente. Permite la reconexión al resetear el dispositivo.

2.6.2 Fusibles.

Elemento que se funde ante una falla de corriente, proporcionan protección fase a fase.

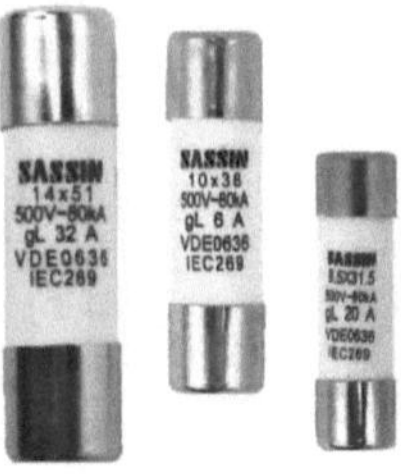

Fig.: 42 Fusibles de tipo gG

2.6.3 Disyuntores Magnéticos.

Dispositivo capaz de seccionar el circuito eléctrico ante una falla de cortocircuito y con la capacidad de reposicionar el mismo con un reseteo en el elemento. El umbral de disparo va de 3 a 15 veces la corriente Ith y dependiendo del tipo de disyuntor puede ser fija o ajustable.

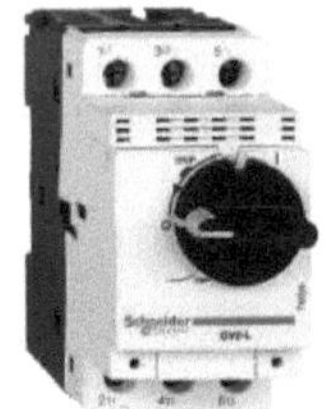

Fig.: 43 Disyuntor magnético, Schneider

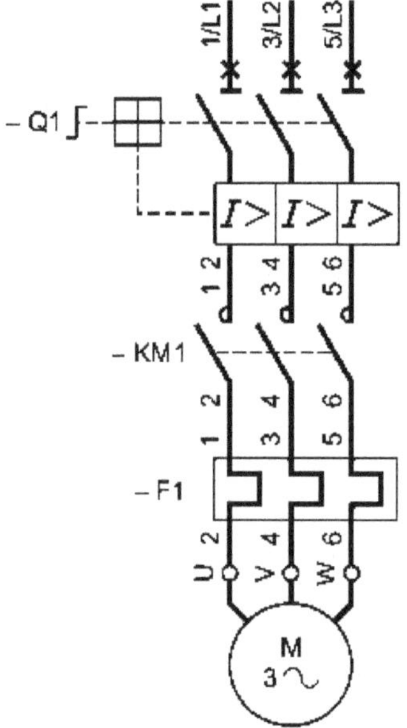

Fig.: 44 Arranque directo - disyuntor magnético, norma IEC 1082-2

2.6.4 Protección Contra Sobrecargas.

Entre los fallos más probables en receptores se encuentra una sobrecarga, consiste en el aumento de consumo de corriente a valores anormales de funcionamiento. En condiciones normales el esfuerzo de un motor eléctrico es permisible a un 30% de incremento de corriente nominal en períodos cortos de tiempo y entre 3-7 veces la misma en arranques.

La temperatura de funcionamiento se encuentra entre 40-50°C, someter a un motor eléctrico a valores superiores de temperatura en un incremento de 10°C conlleva a que la vida útil del aislamiento se reduzca al 50%. Los efectos de sobrecargas no son inmediatamente apreciables, si son pocos frecuentes y de duración limitada.

Algunas causas de esta falla eléctrica:

- Rotor bloqueado
- Sobrecarga
- Perdida de aislamiento.
- Mala ventilación
- Falta de mantenimiento (polvo, agua)
- Mala conexión eléctrica

Protecciones de Sobrecarga:

- Relés térmicos bimetálicos
- Relés con termistancias PTC
- Relés de máxima corriente
- Relés electrónicos con sistemas de protección adicionales
- Disyuntores para motores (Guardamotores)
- Contactores disyuntores

2.6.4.1 Relés Térmicos Bimetálicos

Elementos de protección más utilizado ante sobrecargas. Características:

- Tripolares
- Sensibles a pérdidas de fase
- Rearmado automático (reseteo)
- Ajustable la corriente de protección

Constructivamente un relé térmico tripolar posee tres bilaminas; compuestas por dos metales diferentes unidos y con coeficientes de dilatación distintos cada una. Mediante el flujo de corriente por los elementos se calientan y deforman en mayor o menor grado a la intensidad. Al sobrepasar el punto de operación y su deformación sea considerable se acciona el mecanismo de disparo del relé. Para el rearme del dispositivo se deben enfriar las biláminas para recuperar su forma normal.

La regulación de la corriente de disparo se realiza mediante un mecanismo que modifica el recorrido necesario para liberarse del elemento activador. El corriente límite del disparo se efectuá entre 1.05 y 1.20 el valor ajustado.

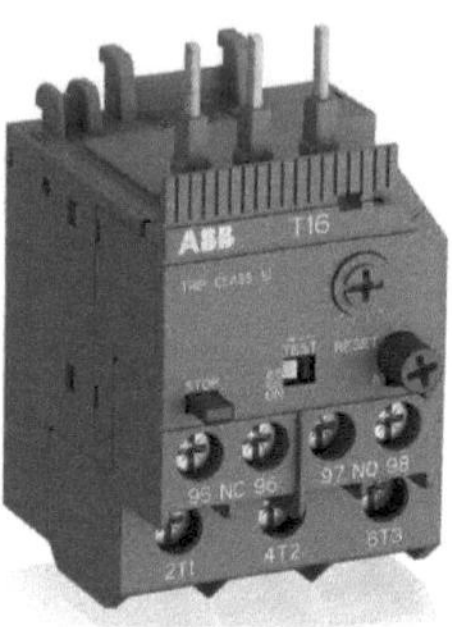

Fig.: 45 Relé térmico ABB

2.6.5 Clases de Disparo.

En la protección de motores se presenta un fenómeno de elevación de la corriente en el arranque de 3 a 7 veces el valor nominal. La protección debe permitir que pase el tiempo de arranque; unos segundos en cargas de poca inercia y varias decenas en cargas con arrastre de mucha inercia.

La norma IEC 60947-4-1-1 establece tres tipos de disparo para los relés de protección térmica:

- Clase 10 - arranque inferior a 10 segundos.

- Clase 20 – arranque de hasta 20 segundos de duración.

- Clase 30 - arranques con un máximo de 30 segundos de duración.

Tabla 12 Clases de corriente, norma IEC 60947-4-1-1

CLASE	1.05 Ir	1.2 Ir	1.5 Ir	7.2 Ir
	Tiempo de disparo en frío			
10 A	> 2 h	< 2 h	< 2 min	$2\,s \leq tp \leq 10\,s$
10	> 2 h	< 2 h	> 4 min	$2\,s \leq tp \leq 10\,s$
20	> 2 h	< 2 h	> 8 min	$2\,s \leq tp \leq 20\,s$
30	> 2 h	< 2 h	> 12 min	$2\,s \leq tp \leq 30\,s$

2.6.6 Relé de Control y de Medida

Contar con protección de cortocircuito y sobrecarga no basta para una protección total en un sistema eléctrico. Se requiere de protecciones como:

- Supervisión de tensión

- Resistencia de aislamiento

- Perdida y secuencias de fases,

- Entre otras.

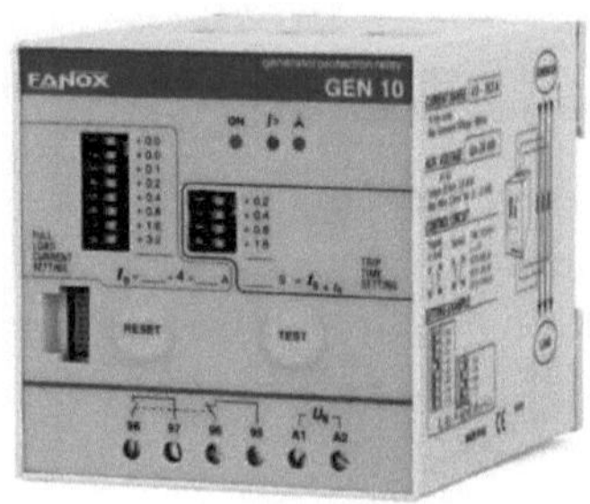

Fig.: 46 Relé de medida y control, marca Fanox

2.7 Conmutación Eléctrica

Es la acción principal del control eléctrico, consiste en; alimentar, interrumpir, y en algunos casos la variación de velocidad a los receptores. La manera más común de lograrlo es a través del uso de contactores electromagnéticos.

Tipos de dispositivos utilizados:

- Electromecánicos:
    - Contactores
    - Contactores disyuntores
    - Disyuntores / Guardamotores
- Electrónicos:
    - Relés y contactores estado solido
    - Arrancadores suaves
    - Variadores de frecuencia

2.7.1 Relé y contactores estado sólido - SSR

Un relé de estado sólido conmuta el paso de corriente a un receptor eléctrico. Responde (conmuta) a la aplicación de una tensión en los terminales de alimentación. Puede ser utilizado en corrientes alternas o continua.

Básicamente utilizan semiconductores de potencia como tiristores y transistores para conmutar corrientes mayores a 100 A. Pueden operar a velocidades muy altas.

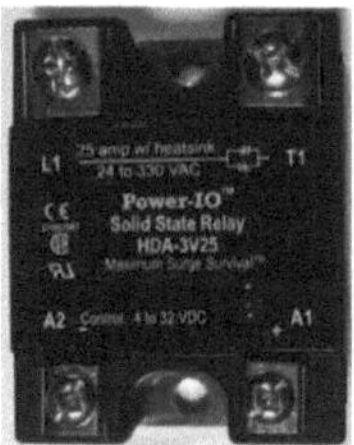

Fig.: 47 Relé de estado sólido, Power IO

2.7.2 Contactor Electromagnético

Dispositivo mecánico para conmutación todo o nada, controlado mediante un electroimán para su enclavamiento. Es decir, mientras se energiza la bobina del electroimán cierra sus contactos o polos permitiendo el paso de la alimentación hacia el receptor.

Partes de un Contactor:

- Electroimán elemento motor del contactor.

- Bobina genera el campo electromotriz necesario para atraer la armadura del electroimán.

- Polos o contactos fuerza establecen la apertura o corriente de la corriente.

- Contactos de auxiliares para funciones de automatización

- Cámara de extinción de arco eléctrico

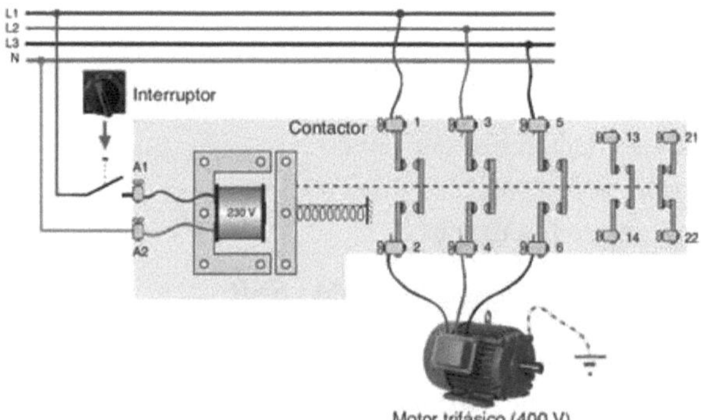

Fig.: 48 Representación esquemática funcionamiento contactor

Fig.: 49 Contactor, norma IEC 1082-1 y 60947-4

2.7.2.1 Características de los Contactores

- Tipo de contactor
  - Numero de Polos
  - Clase de corriente AC o CC
  - Medio de extinción de arco eléctrico (vacío, aire, aceite, etcétera)
- Valores Nominales
  - Voltaje nominal Ve
  - Corriente nominal Ie
  - Corriente térmica nominal Ith
  - Voltaje de aislamiento Ui
- Circuito de control y contactos auxiliares
  - Voltaje de la bobina Uc
  - Clase de corriente contactos auxiliares

Fig.: 50 Datos de placa de un contactor

Dependiendo el trabajo a realizar el contactor y el tiempo de permanencia bajo corriente en los mismos, existen 4 modos de empleos:

- Empleo ininterrumpido
- Empleo 8 horas
- Empleo Temporal
- Empleo intermitente

NÚMEROS DE MANIOBRAS / HORA CONTACTORES - NORMA IEC	
CLASE 0.1	≤ 12
CLASE 0.3	≤ 30
CLASE 1	≤ 120
CLASE 3	≤ 300
CLASE 10	≤ 1200

2.7.2.2 *Dimensionamiento de contactores / Categorías de servicio*

AC1	$(\cos \varphi >= 0{,}9)$	Cargas puramente resistivas. No para motores.
AC2	$(\cos \varphi = 0{,}6)$	Motores síncronos (de anillos rozantes)
AC3	$(\cos \varphi = 0{,}3)$	Motores asíncronos (rotor jaula de ardilla) desconexión motora lanzado – completado el arranque
AC4	$(\cos \varphi = 0{,}3)$	Motores asíncronos (rotor jaula de ardilla) desconexión a motor calado – paro repentino

DC1	Cargas no inductivas o escasamente inductivas
DC2	Motores de excitación en paralelo, desconexión a motor lanzado
DC3	Motores de excitación en paralelo, desconexión a motor calado
DC4	Motores serie, desconexión a motor lanzado
DC5	Motores serie, desconexión a motor calado

2.7.3 Relé de Mando Auxiliar o Contactor Auxiliar

Elementos de conmutación todo o nada, empelados en tareas auxiliares de control eléctrico.

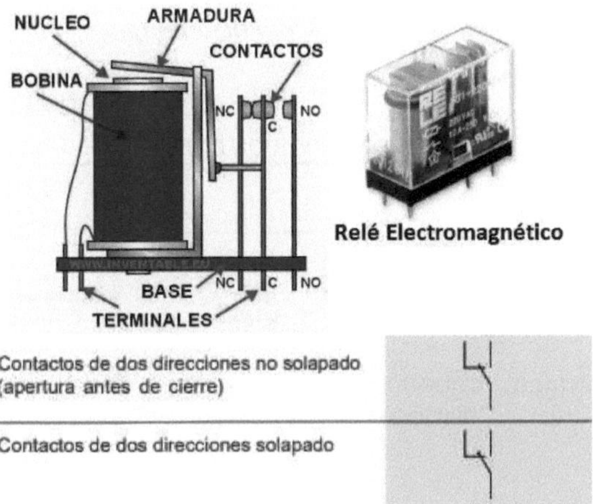

Fig.: 51 Relé auxiliar o contactor auxiliar, simbología contactos norma IEC 1082-1

Para su selección se debe considerar el nivel de tensión de alimentación de la bobina, el número de contactos auxiliares, capacidades de corriente de los contactos, el tamaño y tipo físico del elemento.

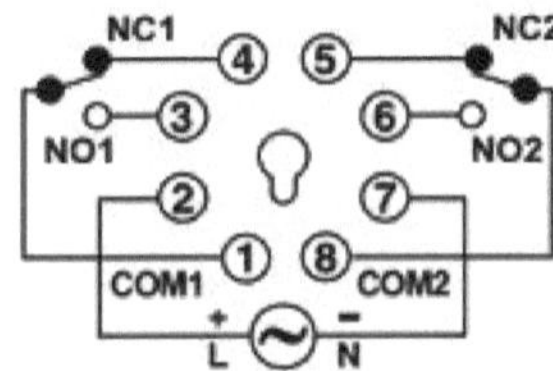

Fig.: 52 Conexión de un relé de 8 pines redondo

2.7.4 Temporizadores o relés de tiempo

Un temporizador es un elemento que de conmutación en el tiempo. Existen de diferentes modos de operación:

- On delay. - Retardo a la conexión

- Off delay. - Retardo a la desconexión

- Pulso independiente del tiempo de energización de la bobina

- Pulso dependiente del tiempo de energización de la bobina

- Ciclo repetitivo

2.7.4.1   Diagramas lógicos de secuencia temporizadores

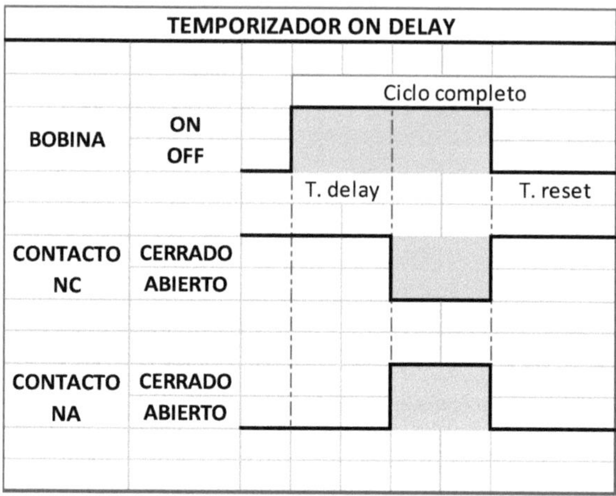

Fig.: 53 Temporizador on delay

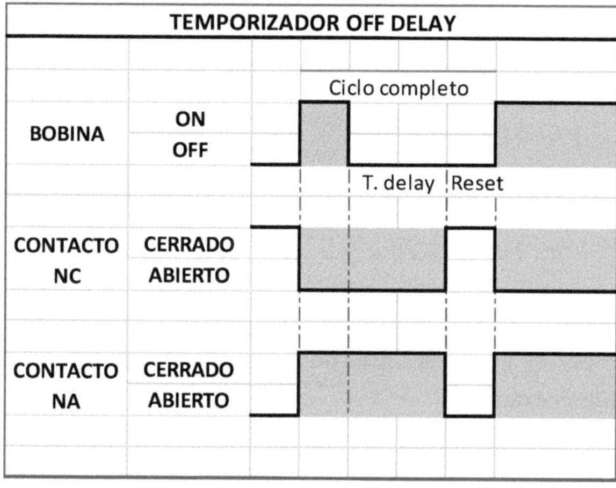

Fig.: 54 Temporizador off delay

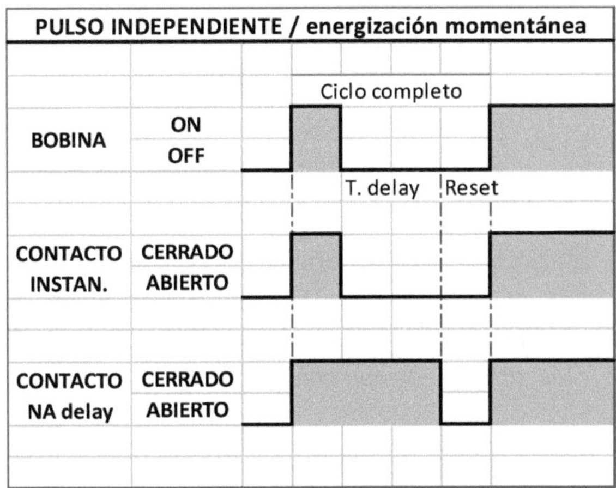

Fig.: 55 Temporizador pulso momentáneo

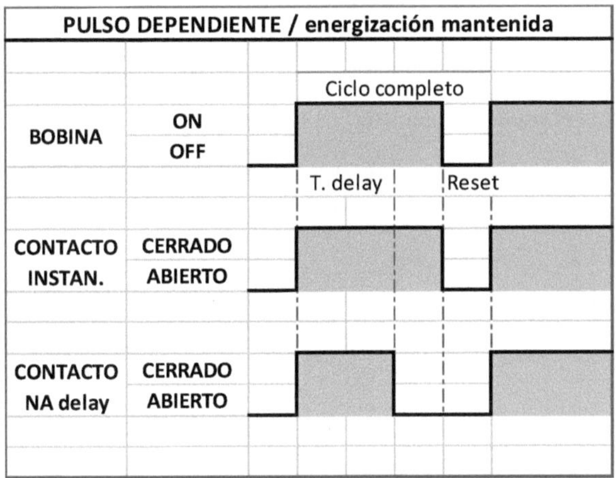

Fig.: 56 Temporizador pulso mantenido

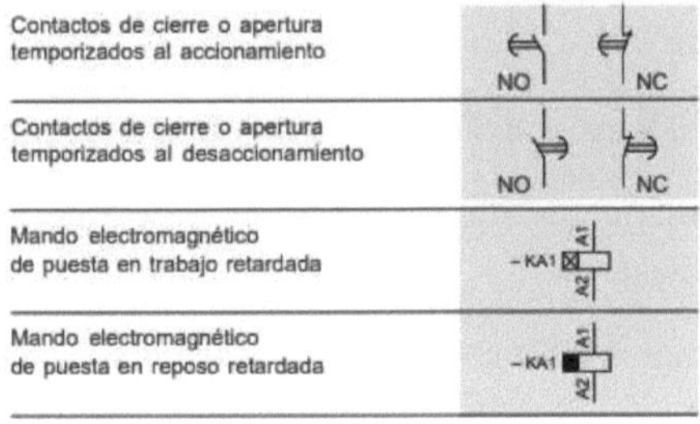

Fig.: 57 Relés temporizados, simbología norma IEC 1082-1

3 ESQUEMAS ELÉCTRICOS Y CIRCUITOS DE CONTROL INDUSTRIAL

Para diseñar circuitos de control eléctrico se debe tener clara la teoría, la normativa y proceder de manera técnica, responsable y tomando las medias de seguridad pertinentes.

Un sistema de control eléctrico debe ser eficiente y confiable. Es recomendable antes de realizar el montaje de estos circuitos simularlos para evitar fallas que puedan originar en pérdidas humanas, accidentes o averías en los equipos. Basándonos en la norma IEC 60947 los diseños deben contemplar **seccionamiento, protección y conmutación.**

3.1 Diseño de Circuitos de Control Eléctrico

Los símbolos adoptados este capítulo se basan en publicaciones de la normativa IEC.

3.1.1 Esquemas de Control y Señalización.

El circuito de control establece las acciones y funcionamiento de automatización sobre un órgano receptor, el motor el eléctrico es el principal receptor en la industria.

En estos esquemas se realiza la interconexión de los distintos elementos de control; pulsadores, sensores, bobinas de contactores, luces pilotos, contactos auxiliares, etcétera.

La alimentación del circuito de control es representada por dos líneas horizontales, conjuntos y los aparatos auxiliares externos se representan en un recuadro de trazo discontinuo.

Para la marcación e identificación se debe considerar;

- Esquema simplificado y fácil de entender.

- Las marcaciones en bornas se hacen en posición vertical a lado izquierdo y de manera ascendente.

- Cada línea vertical va acompañada de una referencia numérica.

- La referencia numérica de los contactos se realiza de manera vertical al lado izquierdo del elemento.

- La marcación de bobinas de contactores, luces pilotos o cualquier otro elemento se realiza con una letra identificadora antecedida por un guion medio "-K1"

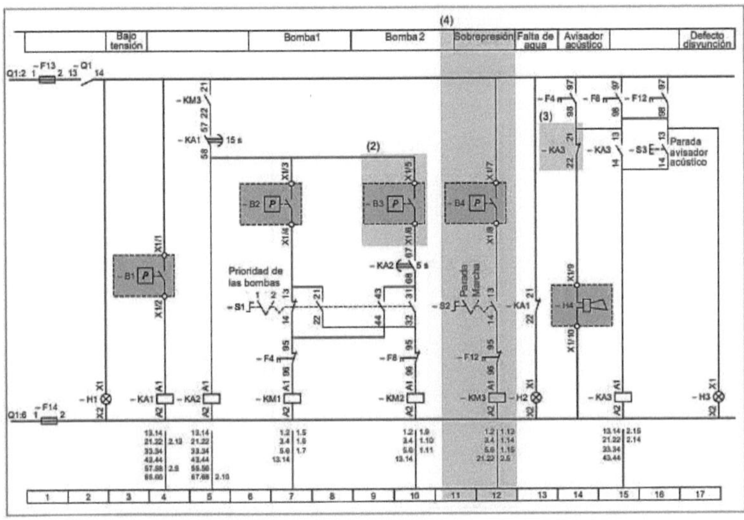

Fig.: 58 Ejemplo Esquema de control, Telesquemario Telemecanique

3.1.2 Esquemas de Fuerza o Potencia.

Representa la interconexión de los elementos de potencia, tales como: disyuntores, seccionadores, contactores de fuerza, relés térmicos, motores eléctricos, etcétera.

La alimentación del sistema de potencia es representada por líneas horizontales en la parte superior del esquema. Se puede simbolizar de manera unifilar o multifilar. Para el caso unifilar; solo es válido en aplicaciones simples, por ejemplo, arrancadores directos, arrancadores de motores de dos devanados, etc.

Para la marcación e identificación se debe considerar;

- Unifilar, se realiza trazos oblicuos sobre la línea vertical para simbolizar el número de conductores del sistema. Las bornas de conexión se representan igualmente sobre el trazado.

- La marcación e identificación es similar al esquema de control.

- El grupo de líneas verticales deben estar referencias numéricamente en la parte inferior o superior.

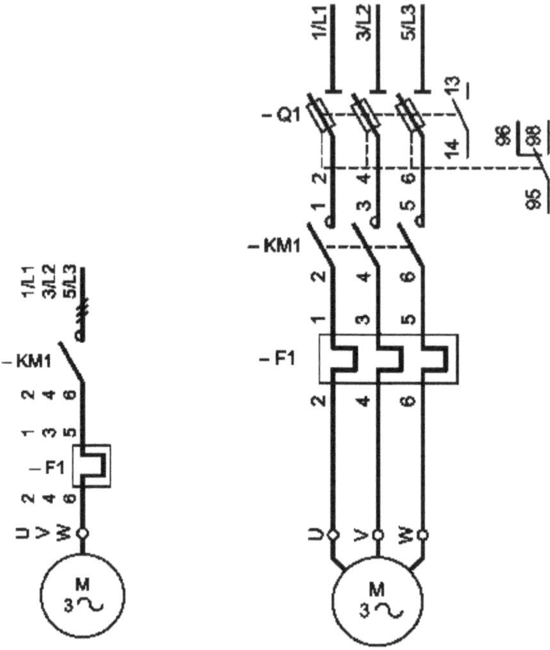

Fig.: 59 Esquemas de potencia unifilar y multifilar

3.2 Reglas de Diseño de Circuitos de Control Eléctrico

Siendo el contactor el elemento principal de conmutación se deben tener en cuenta las siguientes condiciones.

3.2.1 Encendido Momentáneo

El contacto de encendido (Normalmente abierto) debe estar en serie a la bobina del contactor.

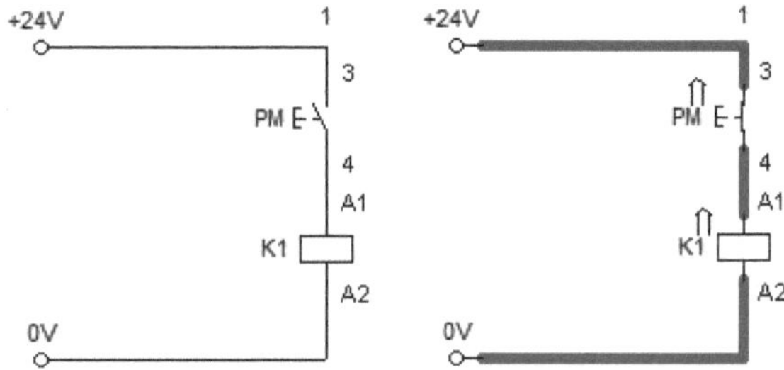

Fig.: 60 Pulso para encendido momentáneo de un contactor, Simulador: Festo FluidSIM

3.2.2 Encendido Permanente (Memoria)

El contacto de encendido (Normalmente abierto) debe estar en serie a la bobina del contactor y ubicar un contacto auxiliar NO del elemento en paralelo al contacto de encendido.

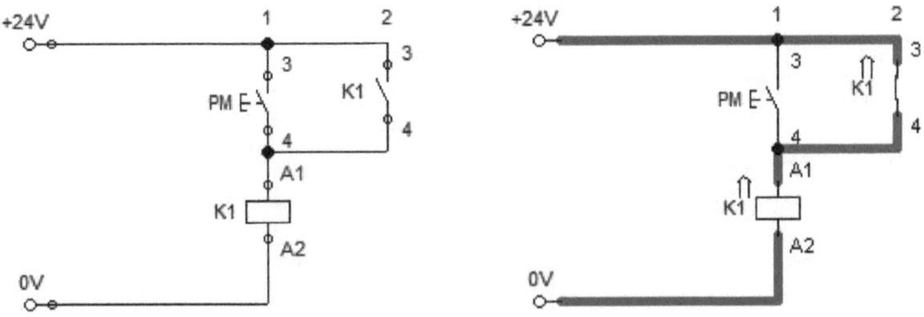

Fig.: 61 Pulso para encendido permanente de un contactor, Simulador: Festo FluidSIM

3.2.3 Encendido Permanente (Memoria) y Desconexión

El contacto de encendido (Normalmente abierto) y ubicar un contacto auxiliar NO del elemento en paralelo al contacto de encendido. Para realizar la conexión debe existir un contacto NC Normalmente cerrado en serie a la bobina.

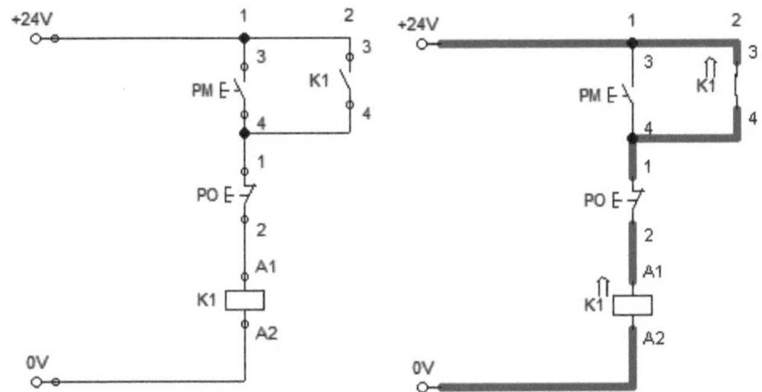

Fig.: 62 Enclavamiento y desconexión de un contactor, Simulador: Festo FluidSIM

3.2.4 Confirmación de Enclavamiento de un Contactor

Se debe utilizar un contacto NO del contactor enclavado para encender la luz piloto o conectarla en paralelo a la bobina.

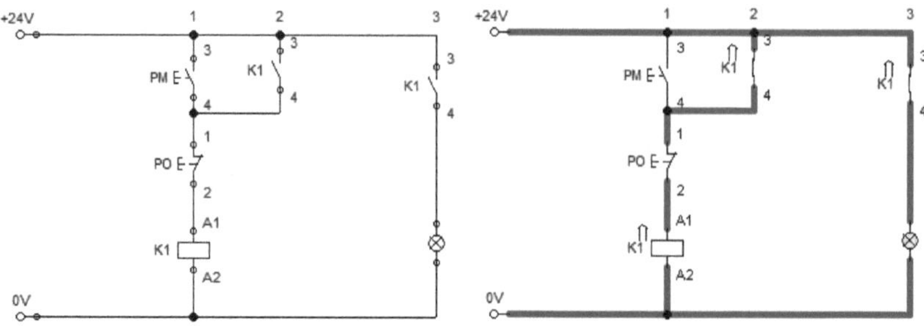

Fig.: 63 Confirmación de enclavamiento de un contactor, Simulador: Festo FluidSIM

3.2.5 Enclavamiento Eléctrico y Restricciones de Encendido

Algunos procesos demandan que no se activen simultáneamente dos o más contactores. Para ello se debe colocar un contacto auxiliar NC de la limitante en serie de a la bobina de cada contactor.

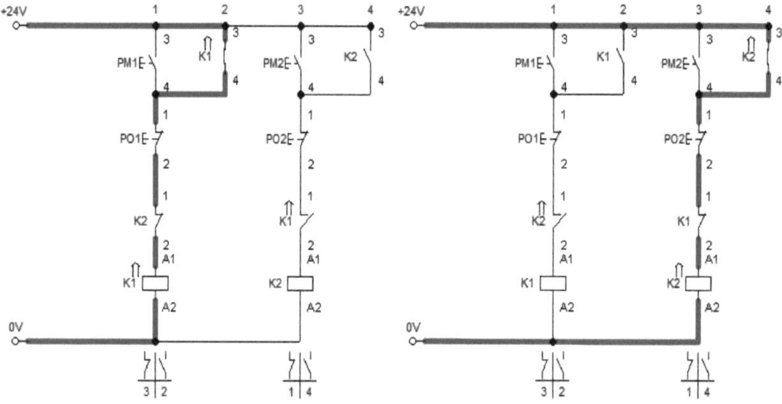

Fig.: 64 Enclavamiento eléctrico, Simulador: Festo FluidSIM

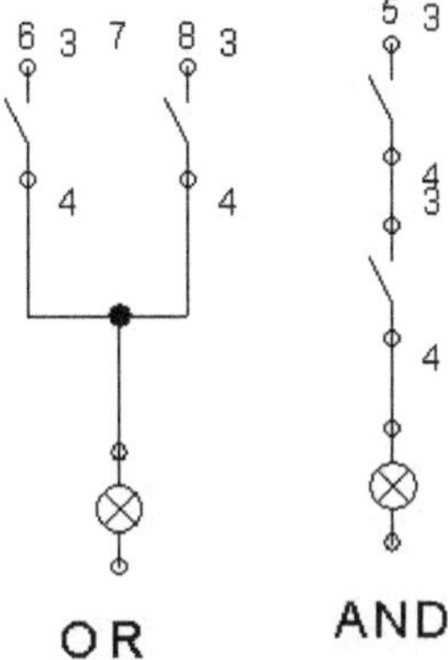

Fig.: 65 Conexión de contactos, similitud con operadores lógicos

3.2.6 Secuencias de Encendido

El limitar el encendido de una bobina para realizar secuencia es una práctica muy común, emplear contactos abiertos NA del elemento anterior en serie a los elementos de accionamiento como pulsadores es una forma fácil de hacerlo.

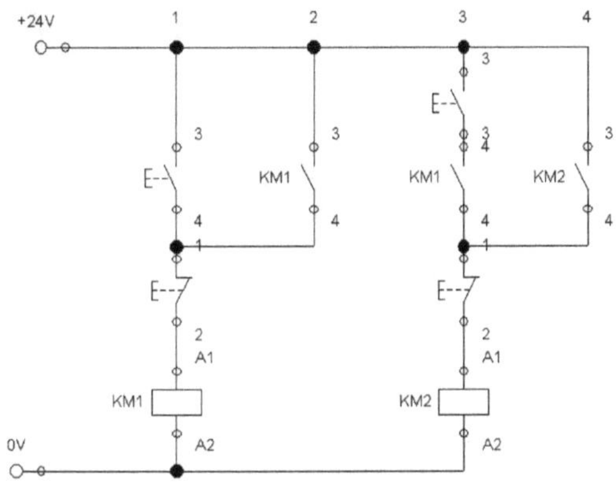

Fig.: 66 Secuencia de encendido, Simulador: Festo FluidSIM

3.3 Ejemplos: Circuitos de Control Eléctrico (Contactores)

3.3.1 Enclavamiento de desde dos lugares.

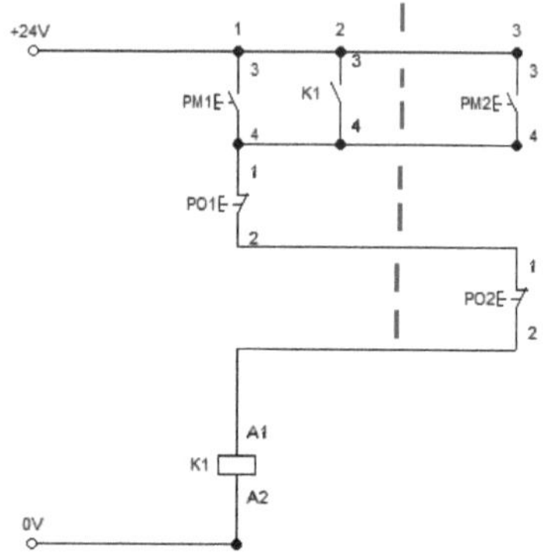

Fig.: 67 Enclavamiento de desde dos lugares, Simulador: Festo FluidSIM

3.3.2 Secuencia de Encendido K1K2

Secuencia de 2 contactores, PM1 enciende el contactor K1 y P01 apaga el contactor K1 para encender K2 debe estar primero encendido K1. El apagado no tiene restricciones. P02 apaga el contactor K2.

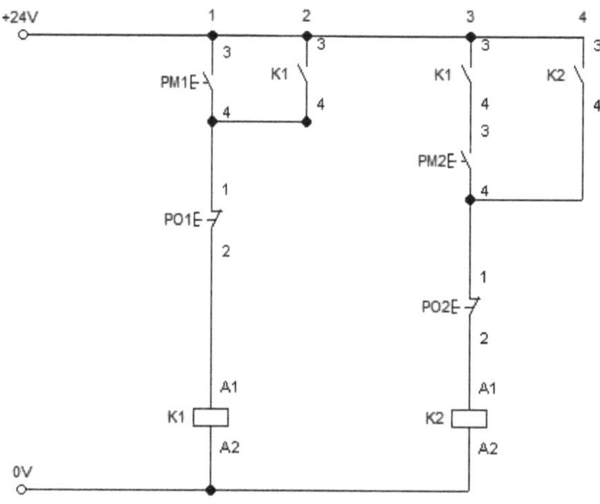

Fig.: 68 Secuencia de 2 contactores, el apagado no tiene restricciones. Simulador: Festo FluidSIM

3.3.3 Secuencia de encendido K1K2 y apagado K2K1

Secuencia de 2 contactores, PM1 enciende el contactor K1 y P01 apaga el contactor K1 para encender K2 debe estar primero encendido K1. El apagado debe realizarse de la siguiente manera; primero K2 y luego K1. P02 apaga el contactor K2.

- 1ERO. Encender K1 - No permite su apagado

- 2DO. Encender K2 - No permite su apagado

- 3RO. Apagar K2

- 4TO. Apagar K1

No permite su apagado si esta encendido k2

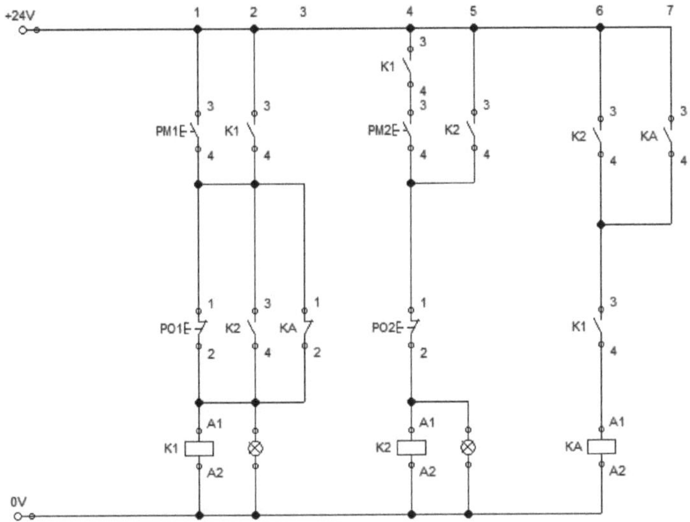

Fig.: 69 Secuencia de 2 contactores, encendido K1- K2, apagado K2- K1. Simulador: Festo FluidSIM

3.3.4 Encendido/ Apagado con un solo pulsador NA

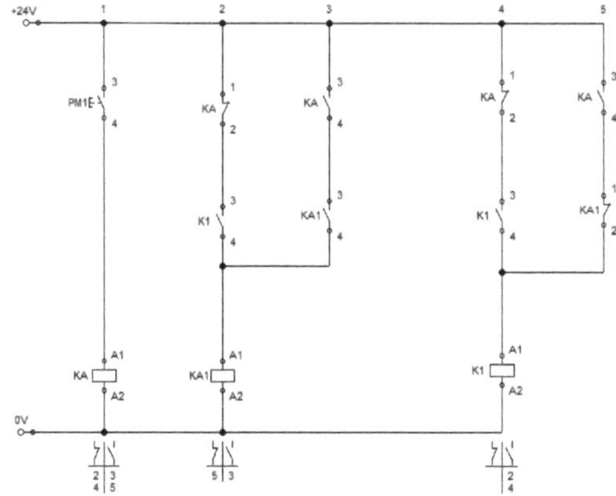

Fig.: 70 Encendido y apagado de contactor con un solo pulsador. Simulador: Festo FluidSIM

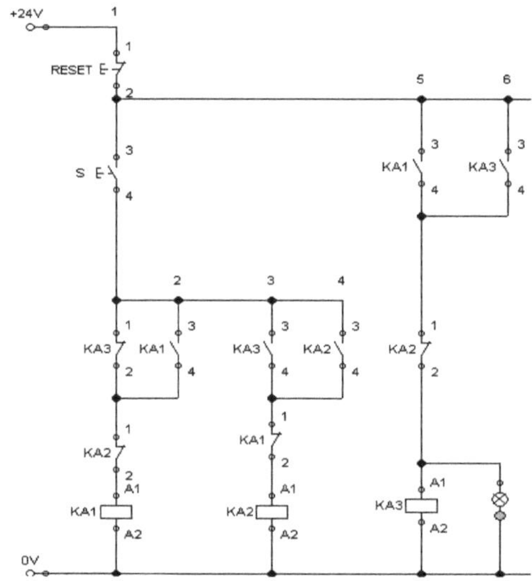

Fig.: 71 Encendido y apagado de contactor con un solo pulsador. Simulador: Festo FluidSIM

3.3.5 Código Error

Encender una luz verde para el caso de realizar la secuencia correcta P1→P2→P3→P4, para una secuencia incorrecta encender luz roja y resetear manualmente para intentar nuevamente.

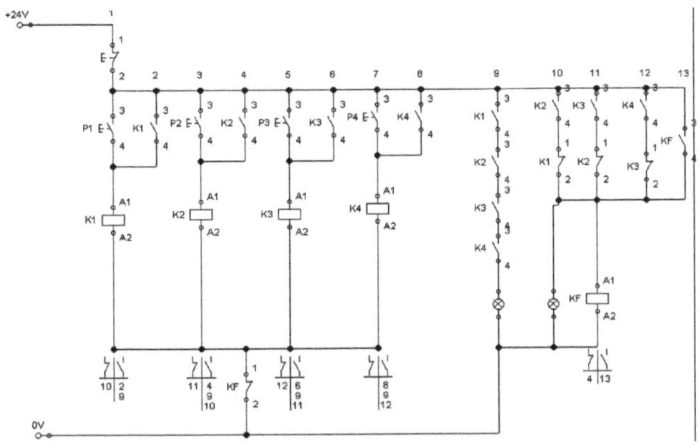

Fig.: 72 Código de error. Simulador: Festo FluidSIM

3.4 Ejemplos: Circuitos de Control Eléctrico (Temporizadores)

3.4.1 Temporizador On delay / Retardo al encendido

Circuito de control con retardo al encendido de una luz piloto, tiempo de retardo 5 segundos. Ver Fig.: 53 Temporizador on delay.

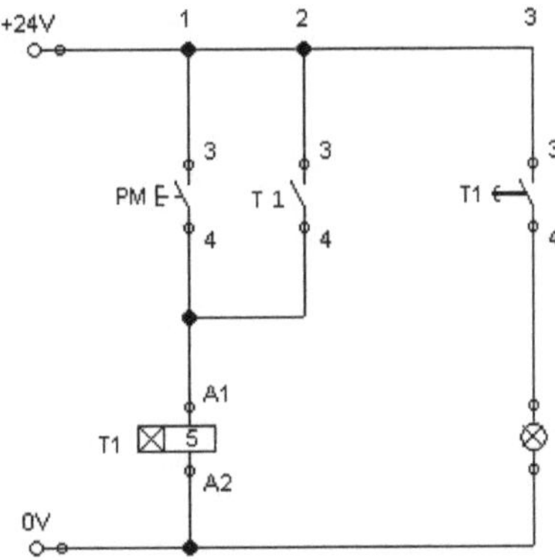

Fig.: 73 Temporizador On delay / Retardo al encendido. Simulador: Festo FluidSIM

3.4.2 Temporizador Off delay / Retardo al apagado

Circuito de control encendido y retardo al apagado de una luz piloto, tiempo de retardo 5 segundos. Ver Fig.: 54 Temporizador off delay

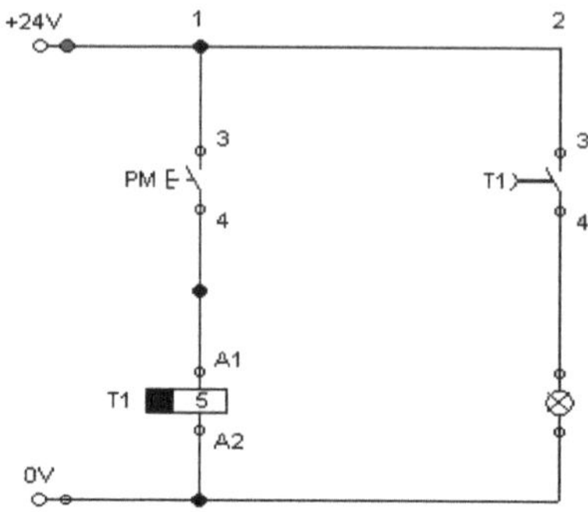

Fig.: 74 Encendido y retardo al apagado de una luz piloto. Simulador: Festo FluidSIM

3.4.3 Secuencia de Encendido con Temporizadores

Encender después de 5 segundos de presionar el pulsador al contactor KM1 y su apagado automático luego de 5 segundos de haberse encendido.

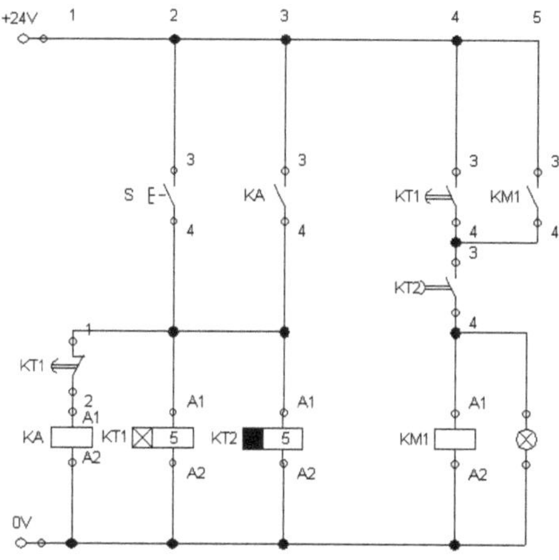

Fig.: 75 Secuencia con temporizadores, forma 1. Simulador: Festo FluidSIM

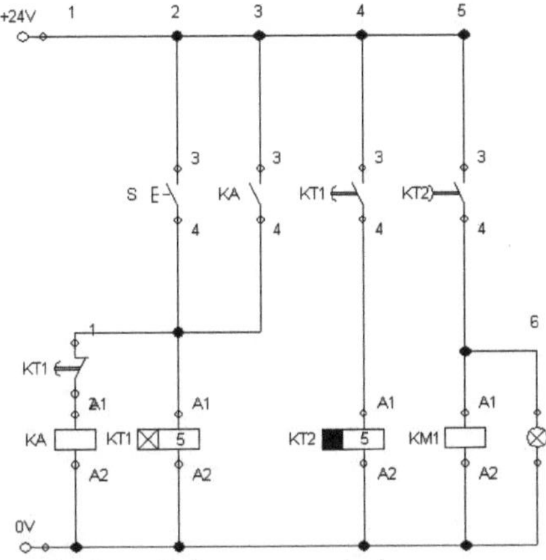

Fig.: 76 Secuencia con temporizadores, forma 2. Simulador: Festo FluidSIM

3.5   Contactores o Relés Auxiliares

3.5.1 Memorización de un Contactor Auxiliar

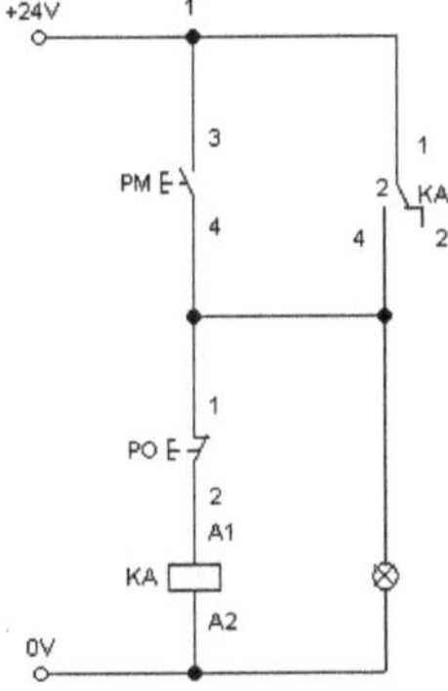

Fig.: 77 Memorización de un contactor auxiliar. Simulador: Festo FluidSIM

3.6 Ejercicios Propuestos Para la Unidad

Tabla 16 Ejercicios propuestos

			Secuencia 1
1	Encendido	Apagado	Realizar el diagrama de control que cumpla las condiciones de encendido y apagado, pulsadores de encendido pm1, pm2, pm3, pulsadores de apagado p01 p02 p03
	k1 k2 k3	k2 k3 k1	
			Secuencia 2
2	Encendido	Apagado	Realizar el circuito de control, pulsadores de encendido pm1 pm2 y pulsadores de apagado p01, po2, <u>nota debe haber activado dos veces k1</u>
	k1(on-off-on) k2	k2 k1	<u>para pasar a pulsar pm2 para activar k2</u>
			Secuencia 3
3	Encendido	Apagado	Realizar el diagrama de control que cumpla las condiciones de encendido y apagado, pulsadores de encendido pm1, pm2, pm3, pulsadores de apagado p01 p02 p03
	k1 k3 k2	k1 k3 k2	

Tabla 17 Continuación. Ejercicios propuestos

	Temporizadores ON DELAY
4	Realizar el diagrama de control de semaforización en una intersección en "T". 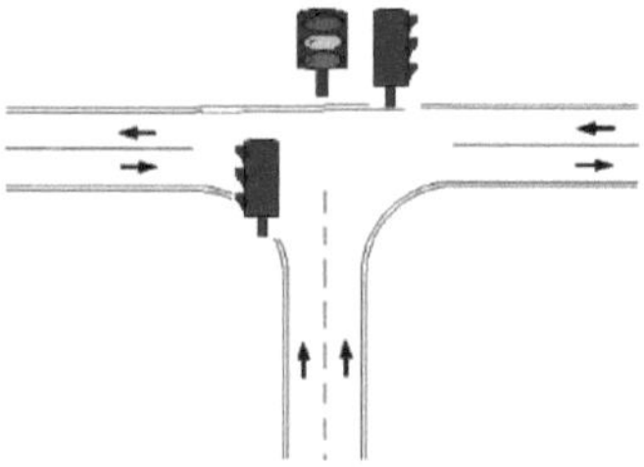
	Temporizadores OFF DELAY
5	Realizar el diagrama de control de semaforización en un cruce peatonal. 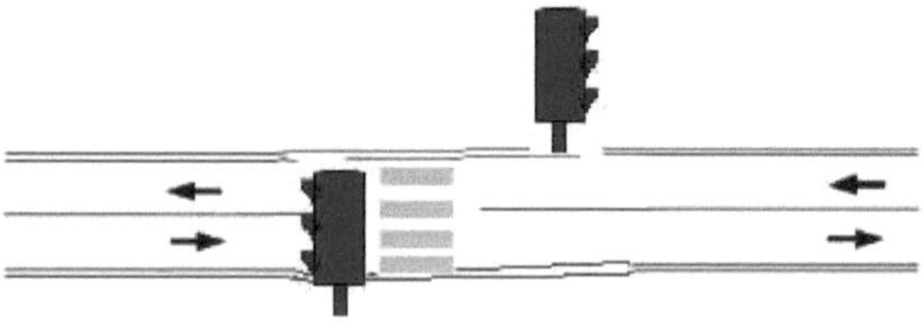

4 MÁQUINAS ELÉCTRICAS

Las máquinas eléctricas desde el punto de vista de funcionamiento mecánico se pueden clasificar en rotativas o estáticas. Las máquinas son capaces de generar movimiento, es decir, transformar la energía eléctrica en mecánica el caso de los motores o viceversa que son los generadores para el caso de las rotativas.

Los trasformadores que son máquinas eléctricas de tipo estáticas, son capaces de elevar o reducir el nivel de tensión a las que son inducidas. Los tres tipos de máquinas se fundamentan en el mismo principio, utilizan la acción de los campos magnéticos.

El campo magnético convierte la energía de una forma a otra (movimiento, generación eléctrica y transformación eléctrica). De las siguientes 4 maneras se describe cómo se utilizan estos campos magnéticos en las máquinas.

- El flujo de corriente por un conductor genera un campo magnético a su alrededor.

- Una bobina de alambre puede ser inducida de voltaje por un campo magnético variable si este pasa por ella (principio de funcionamiento del transformador).

- EL principio de funcionamiento de un motor se basa en que un conductor que porta corriente al ser expuesto a un campo magnético experimenta una fuerza inducida sobre él.

- En lo generadores un conductor eléctrico en movimiento expuesto a un campo magnético tendrá un voltaje inducido en él.

4.1 Funcionamiento, Estructura y Tipos de Motores DC

Una máquina de corriente continua esta físicamente constituida de dos partes: el estator que es estacionario y la parte móvil que es el rotor.

El estator es una estructura que cumpla la función de soporte y piezas polares que se proyectan hacia dentro del motor. En la cuales existe un arrollamiento de conductor o bobinado. La separación de los polos con el rotor es mínima y se extienden por toda la máquina para repartir uniformemente el campo magnético.

Poseen dos devanados el inducido y el de campo. El inducido es aquel donde se inyecta voltaje y el devanado de campo donde se produce el flujo magnético. El devanado inducido está en el rotor y es alimentado mediante el colector a través de las escobillas. El devanado de campo está alojado en el estator.

El colector cumple una función esencial dentro de esta máquina, está hecho de barras de cobres aisladas y su trabajo es de hacer de conmutador para generar una señal pulsante de alimentación es su devanado y lograr generar el campo magnético con alimentación continua.

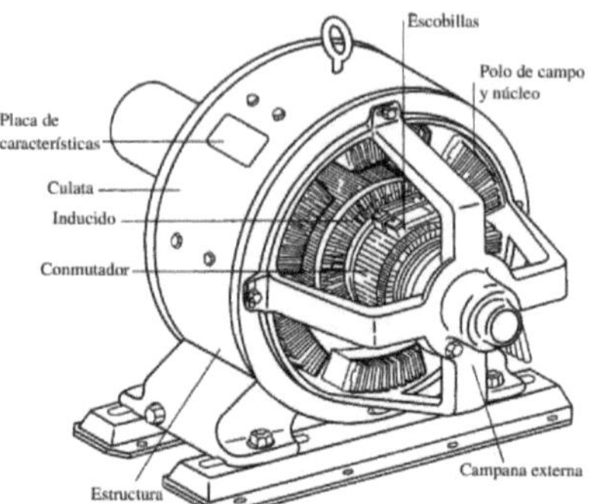

Fig.: 78 Máquina de corriente continua

4.2 Funcionamiento, Estructura y Tipos de Motores AC

4.2.1 Motores Síncronos

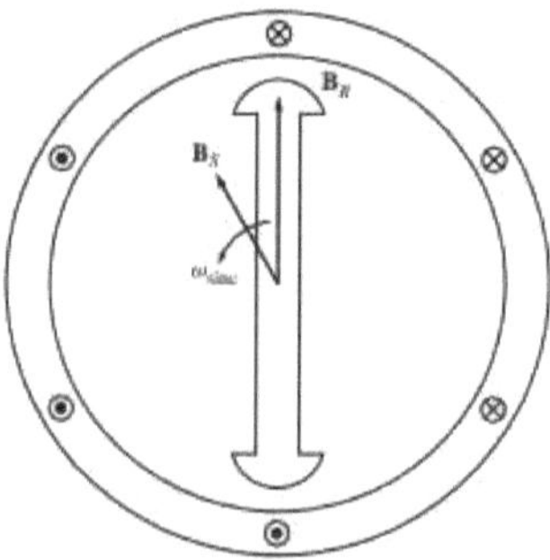

Fig.: 79 Motor Síncrono con 2 polos

Un motor síncrono convierte la potencia eléctrica en potencia mecánica. De manera constructiva pose una parte fija que es la bobina del estator y un rotor (parte giratoria) que contiene un bobinado de cc (devanado de campo) y un devanado en cortocircuito. EL funcionamiento de este tipo de máquina se puede explicar si observamos la Fig.: 79. Al estar sometido a una tensión eléctrica se produce una corriente de campo If y un campo magnético estacionario BR. Al aplicar en conjunto alimentación trifásica al bobinado del estator se produce un flujo trifásico de corriente y un campo magnético giratorio uniforme BS. En este punto existe dos campos magnéticos haciendo que se alienasen si están cerca uno del otro, igual que un par de imanes. Fundamentalmente el rotor persigue al campo magnético rotacional del bobinado del estator circularmente.

Ante el cambio de cargas acoplados al eje del motor este mantiene la velocidad síncrona. Esto se da por el aumento de la corriente de campo en el estator producida por el incremento de par en el rotor.

En resumen, son motores que la velocidad del rotor es la misma con la del campo magnético del estator. Este tipo de máquina se emplea en cargas variables y donde se necesite tener una velocidad constante.

Para calcular la velocidad sincrónica (rpm) del rotor se puede emplear la siguiente formula:

$$n = 120 * \frac{f}{\#p}$$

Donde, "f" es la frecuencia en Hertz y "#p" es el número de polos en la máquina.

4.2.1.1 *Partes de un Motor Síncrono*

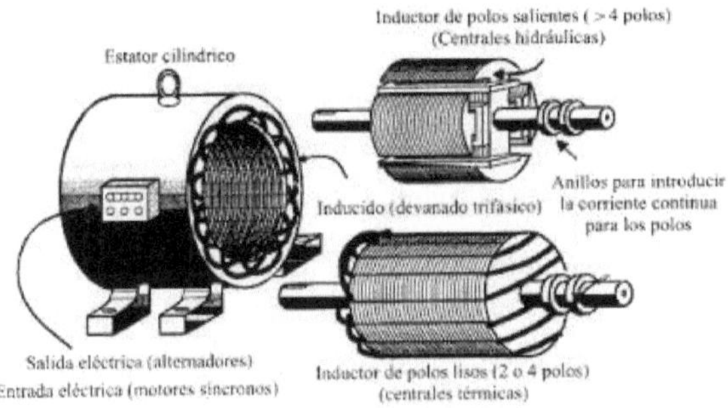

Fig.: 80 Partes de un motor síncrono

El estator, es similar a las máquinas asíncronas, contiene un devanado trifásico y un circuito magnético formado por chapas metálicas. El rotor es la parte rotativa y es diferente constructivamente a una maquina asíncrona. Posee un bobinado de campo de cc, llamado devanado de campo y otro devanado en corto circuito, que impide un desfase de velocidad. Adicional, contiene un campo magnético formado por chapas metálicas de menor espesor que el estator.

4.2.2 Motores de Inducción – Asíncronos

Son máquinas que solo tiene un conjunto de devanados de amortiguamientos y se denominan de inducción. La característica diferenciadora a los motores síncronos es que no necesita una corriente cc de campo para funcionar. Pero antes variaciones de carga su velocidad es asincrónica a ala del campo magnético por lo que origina un deslizamiento.

4.2.2.1   *Partes de Motor de Inducción*

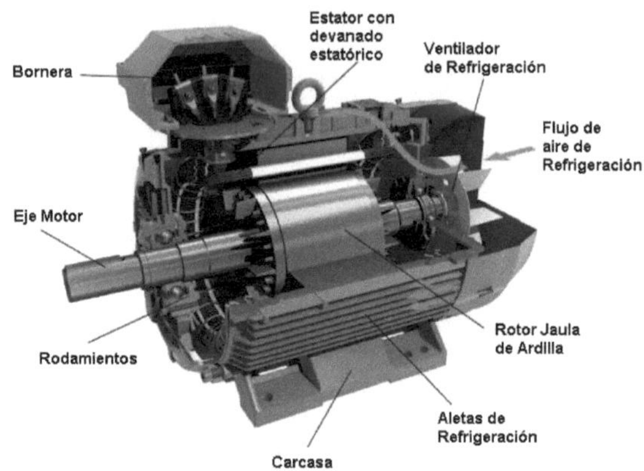

Fig.: 81 Motor asíncrono o inducción

Está constituido por un estator (devanado) y un circuito magnético que producen el campo magnético giratorio al ser alimentados por voltajes trifásicos.

El rotor puede ser de tipo jaula de ardilla, el cual consta de barras conductoras dispuestas dentro de ranuras labradas en la cara del rotor y en cortocircuito mediante unos anillos. En la Fig.: 82 se puede apreciar la similitud con la rueda de ejercicios de un hámster o ardillas de allí su nombre.

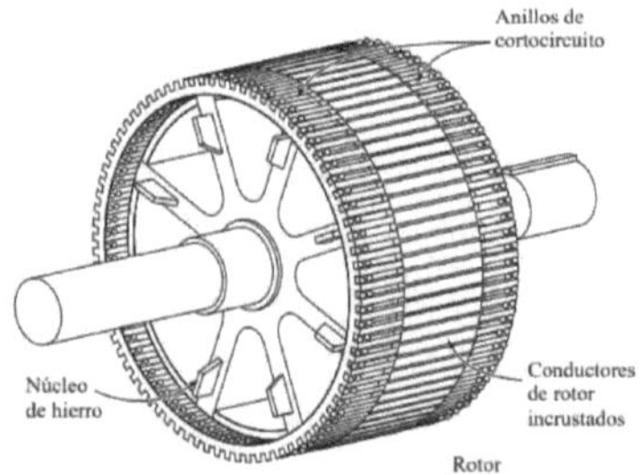

Fig.: 82 Rotor jaula de ardilla

Otro tipo de rotor es el denominado devanado o bobinado. Posee una similitud de los devanados trifásicos del estator y por generalidad conectados en estrella y es alimentado gracias a anillos rozantes en el eje del motor desde el estator utilizando escobillas.

Fig.: 83 Corte de un motor de inducción con rotor bobinado

4.2.3 Motores Universales

Maquina con la característica de poder ser alimentada tanto en corriente continua como alterna. Comúnmente conocidos por el nombre de motores monofásicos en serie. La velocidad de estos motores es proporcional al voltaje suministrado y el cambio de sentido de giro se lo logra al invertir la polaridad en una de sus bobinas estator o rotor.

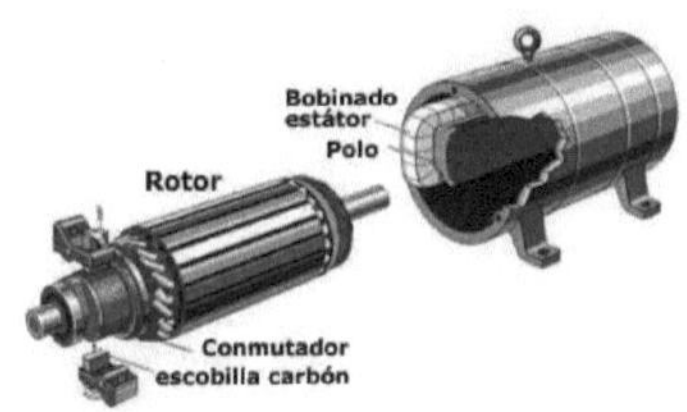

Fig.: 84 Motor universal

4.3 Conexionen Motores DC

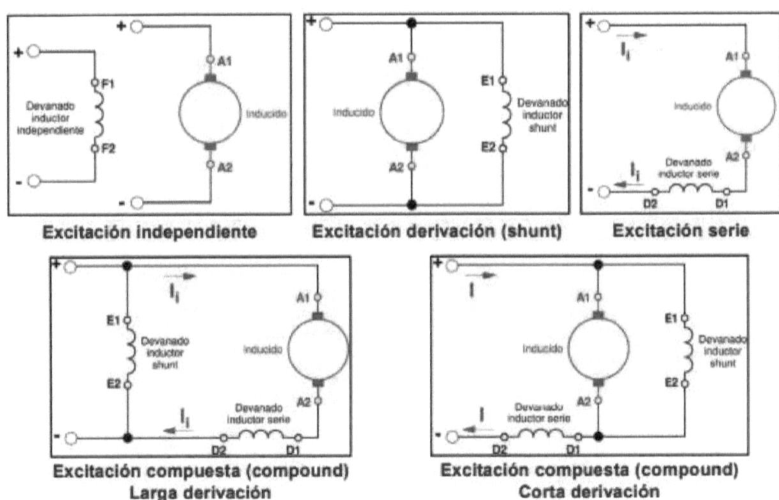

Fig.: 85 Conexión de devanados en motores DC

4.3.1 Circuitos de Control y Fuerza en Motores DC

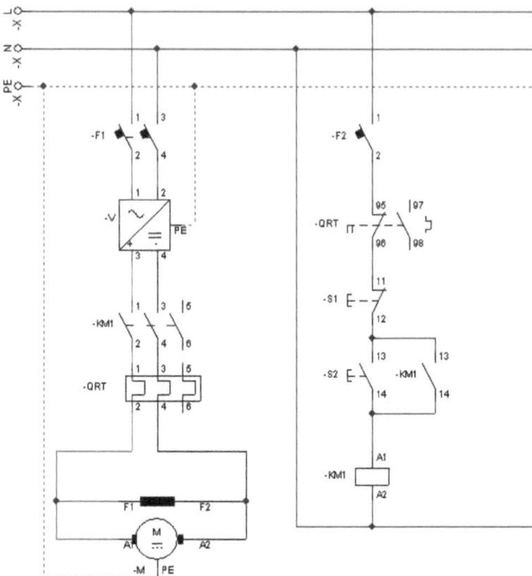

Fig.: 86 Diagrama de control y fuerza, motor DC paralelo, Sim: Festo CADe_SIMU

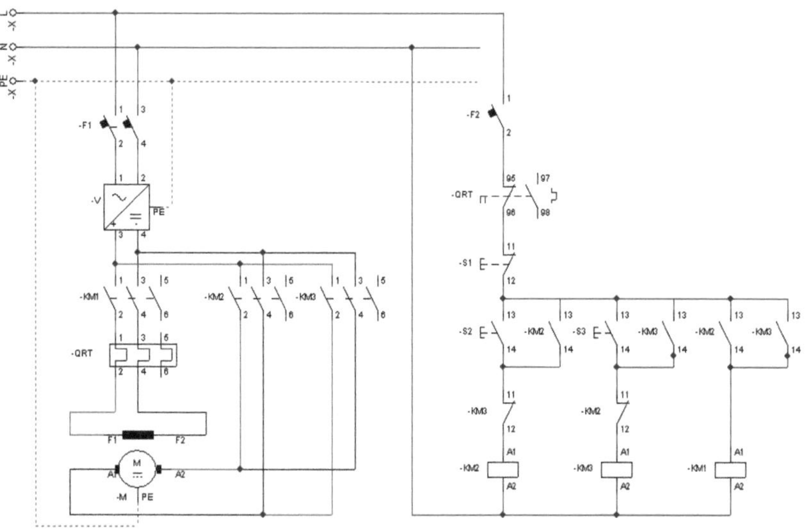

Fig.: 87 Diagrama de control y fuerza, motor DC paralelo e inversión de giro, Sim: CADe_SIMU

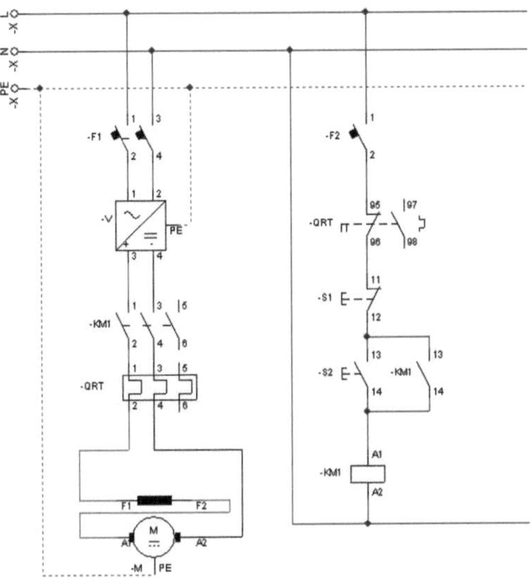

Fig.: 88 Diagrama de control y fuerza, motor DC serie, Sim: CADe_SIMU

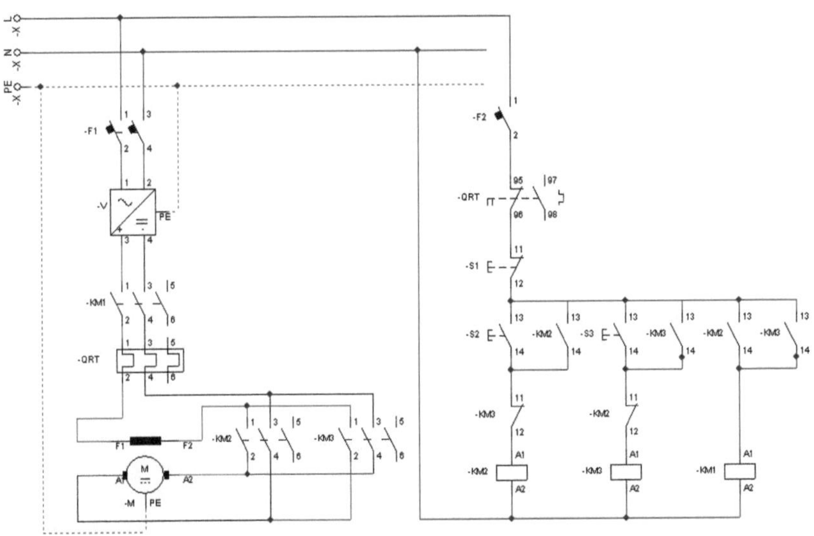

Fig.: 89 Diagrama de control y fuerza, motor DC serie e inversión de giro, Sim: CADe_SIMU

4.4 Conexión de Motores AC

4.4.1 Conexión de Motores Monofásicos AC

Un motor monofásico se encuentra constituido por una bobina de trabajo o permanente y una bobina de arranque. Dicho devanado de arranque genera el movimiento inicial de la maquina eléctrica a través de un condensador y se desconecta mediante el interruptor centrifugo.

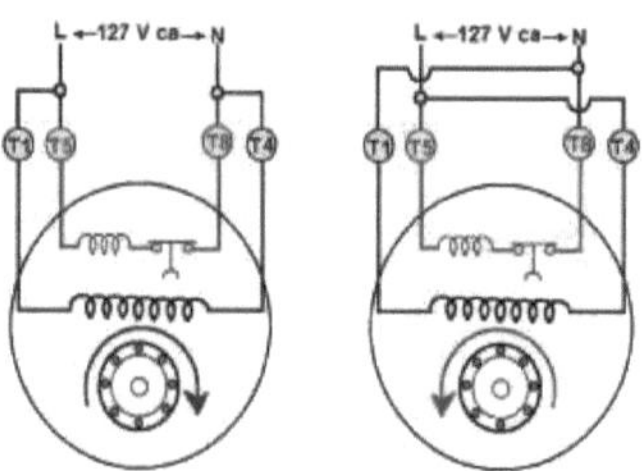

Fig.: 90 Conexión estándar de un motor monofásico

Los motores de doble tensión eléctrica presentan dos bobinas de trabajo.

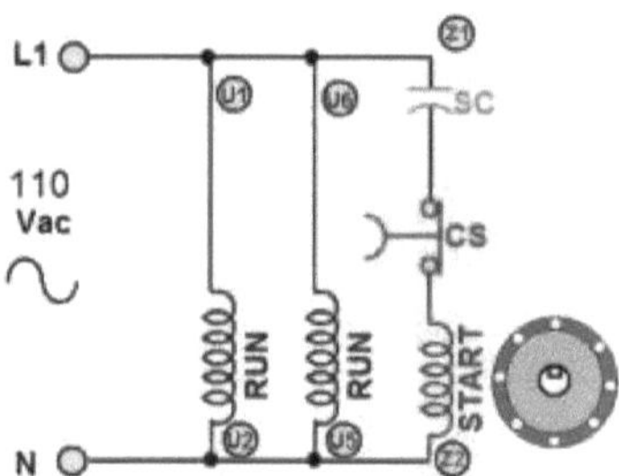

Fig.: 91 Conexión 110V de motores AC monofásicos de doble tensión

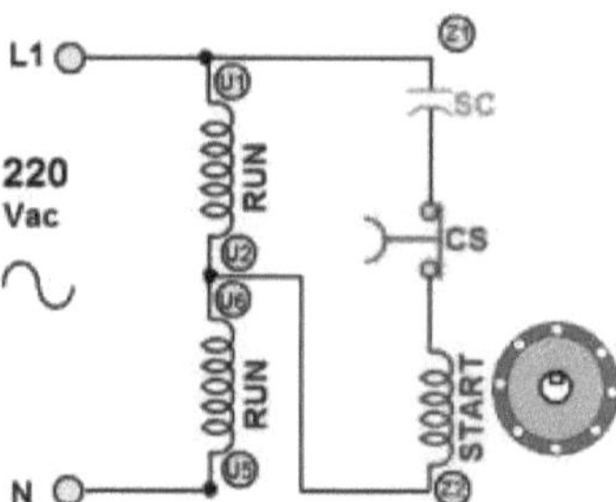

Fig.: 92 Conexión 220V de motores AC monofásicos de doble tensión

De requerir invertir el giro de estas máquinas eléctricas, se necesita invertir la conexión de la bobina de arranque.

4.4.2 Conexión de Motores Trifásicos AC

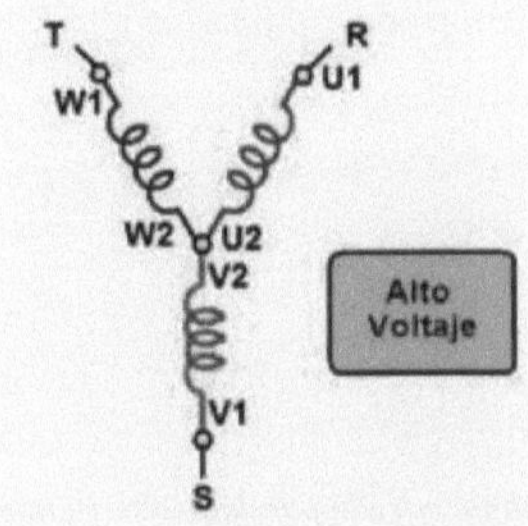

Fig.: 93 Conexión estrella

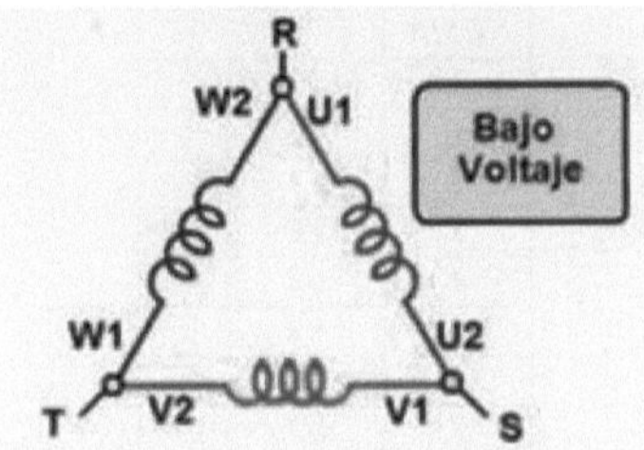

Fig.: 94 Conexión triangulo

Un motor trifásico de 6 cables o puntas las conexiones pueden ser triangulo para bajo voltaje y estrella para alto voltaje. Ejemplo: bajo voltaje 220V, alto voltaje 380-440V

Existen motores que poseen 2 devanados por fase las conexiones obedecen a la placa de que tenga el motor.

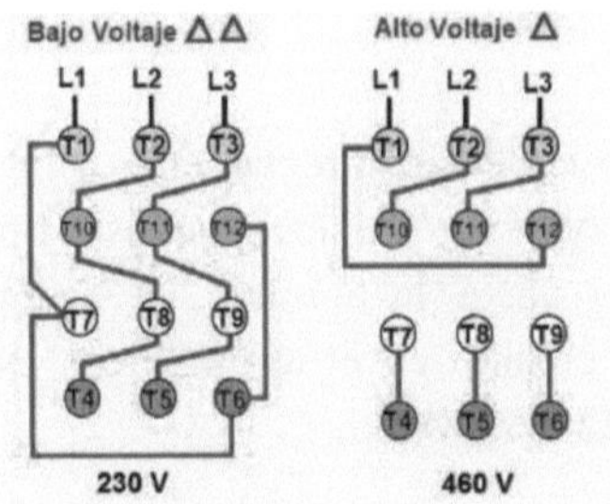

Fig.: 95 Bajo voltaje triangulo paralelo, alto voltaje triángulo serie.

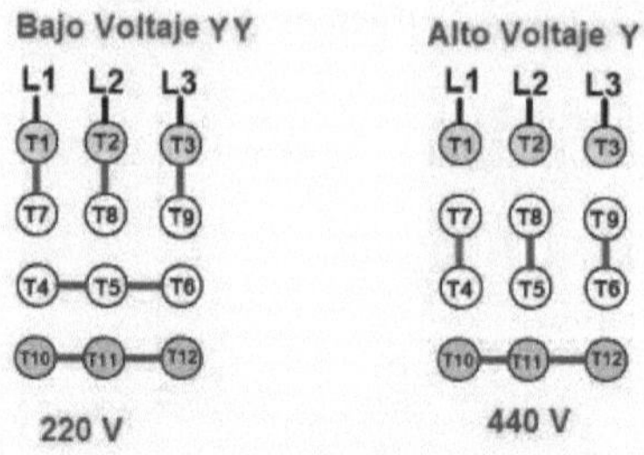

Fig.: 96 Bajo voltaje estrella paralelo, alto voltaje estrella serie.

Tabla 18 Marcación de cable motores trifásicos

NEMA	IEC	
NRO.	LETRA	
1	U1	
2	V1	
3	V2	
4	U2	
5	V2	
6	W2	
7	U3	U5
8	V3	V5
9	W3	W5
10	U4	U6
11	V4	V6
12	W4	W6

4.4.3 Tipos de Arranques Motores Trifásicos AC

4.4.3.1 Arranque Directo

Los devanados del motor se conectan directamente a las líneas de la red eléctrica mediante conmutación del contactor. Al efectuar este tipo de arranque se generan corrientes elevadas de 3 a 7 veces la nominal. Este tipo de arranques tiene sus limitaciones, por lo general cuando en el arranque no excede de 30-35 Amperios. Ejemplo un motor de 10HP/220V/25Amp.

Este tipo de arranque crea un estrés térmico en los devanados del motor, reduciendo la vida útil de los mismos.

4.4.3.2 Arranque estrella-triangulo

Es un tipo de arranque indirecto, este tipo se realiza mediante la conexión de los devanados en primera instancia en estrella para en su posterior pasar a triangulo.

En una conexión en estrella, los devanados individuales del motor se reducen por un factor de 1/√3 (~ 0,58). Por ejemplo: 400 V • 1/√3 = 230 V. El par de arranque y la corriente de entrada (en la conexión en estrella) se reduce a un tercio de los valores de la conexión en triangulo. El cambio entre las configuraciones es automático y está asociado por un valor de tiempo de 5 a 20 segundos.

4.4.3.3   Arrancadores suaves

Un arranque estrella-triangulo no suele ser la mejor solución en motores que demanden una gran cantidad de corriente. Son dispositivos electrónicos que permiten el aumento continuo y lineal del par en el motor. La tensión se va incrementando a partir de una inicial en una rampa de aceleración.

La tensión de alimentación al motor es modificada por dos tiristores en cada una de las fases y están conectados en anti paralelo, uno de ellos para la media onda positiva y el otro para la media onda negativa.

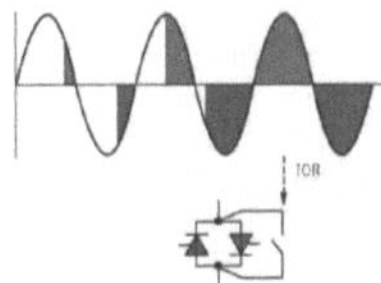

Fig.: 97 Control del ángulo de fase y contacto de Bypass

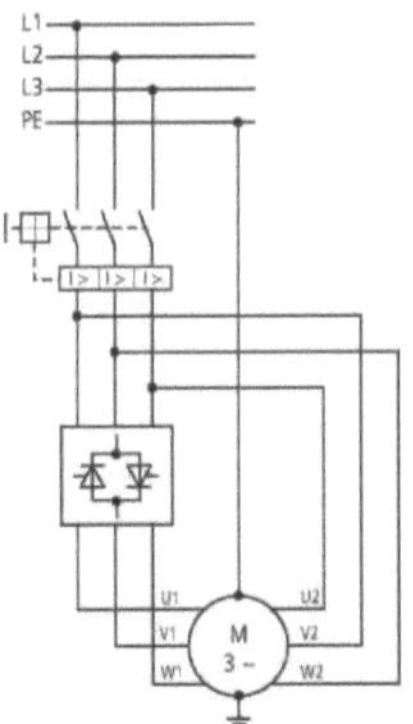

Fig.: 98 Arrancador suave

4.4.3.4   Convertidores de Frecuencia

Es la mejor solución para el arranque continuo y sin escalones. Adicional al arrancador suave este permite el control de la velocidad del motor. En una comparación inicial al método anterior parece ser una opción más costosa. Pero en cuestión de eficiencia energética a largo plazo resulta una mejor alternativa, el convertidor de frecuencia garantiza una vida útil más larga y una mejor seguridad funcional.

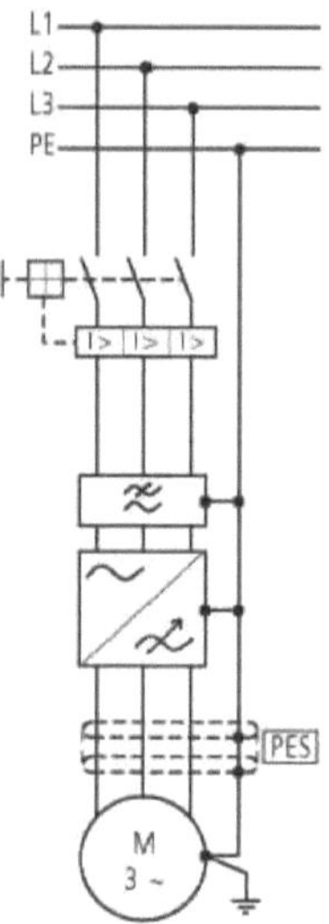

Fig.: 99 Arranque motor con VDF

4.4.4 Circuitos de Control y Fuerza Para Arranque de Motores AC

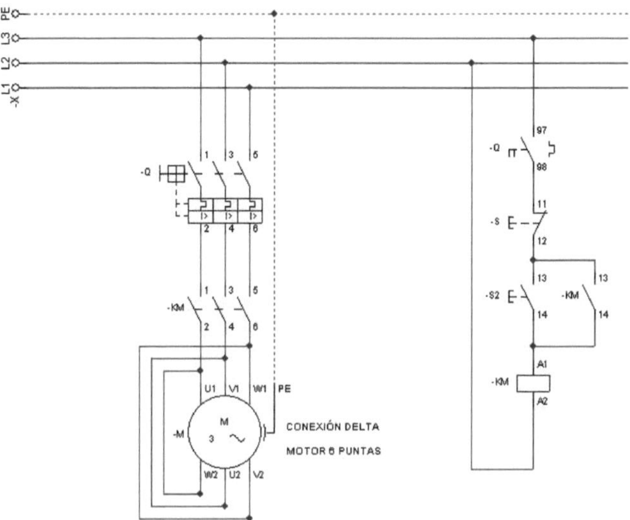

Fig.: 100 Arranque directo, conexión triangulo, Sim: CADe_SIMU

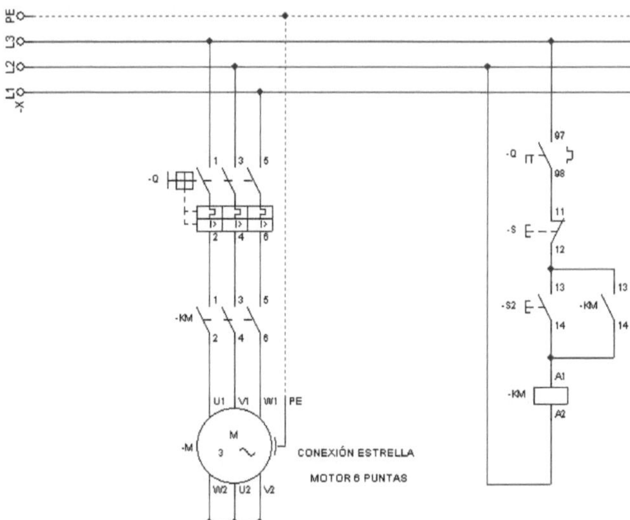

Fig.: 101 Arranque directo, conexión estrella, Sim: CADe_SIMU

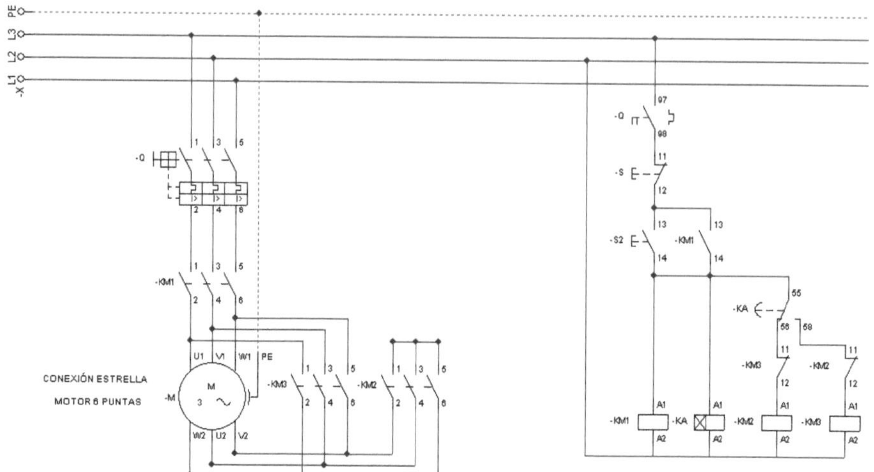

Fig.: 102 Arranque estrella – triangulo, Sim: CADe_SIMU

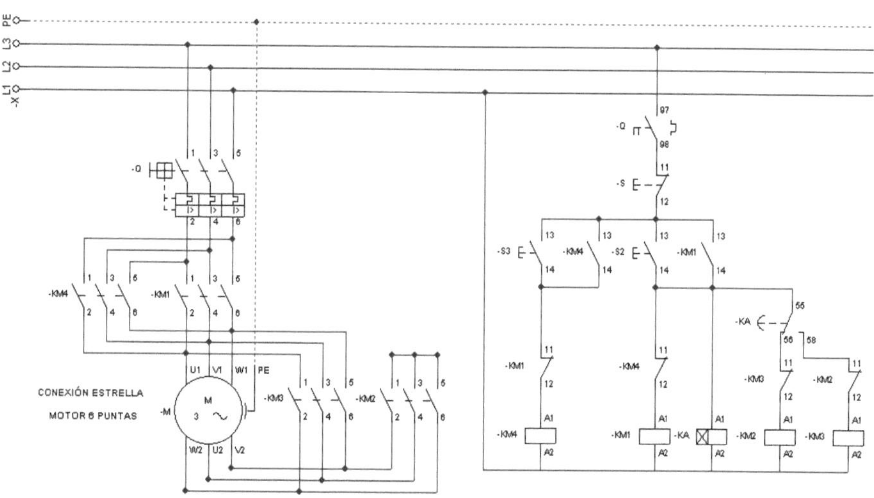

Fig.: 103 Arranque estrella - triangulo e inversión de giro, Sim: CADe_SIMU

Un problema común en el arranque de motores trifásicos es no contar con un sistema de 3 fases. Lo cual se puede solucionar al implementar condensadores, útil en motores de potencias menores a 3k.W.

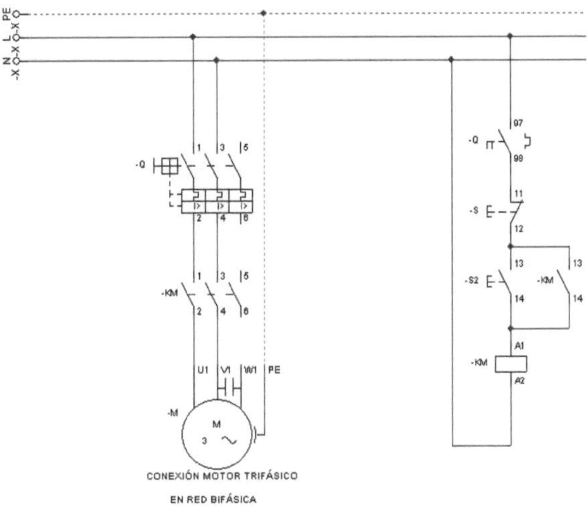

Fig.: 104 Motor trifásico en red bifásica, Sim: CADe_SIMU

Para una tensión de red de 220 V se requiere en promedio de 70 uF por cada k.W.

4.5 Ejemplos Prácticos de Control Eléctrico Industrial.

4.5.1 Ejemplo 1

Encender un contactor "KM1" después de 5 segundos de pulsar "S" y apagar 5 segundos más tarde automáticamente.

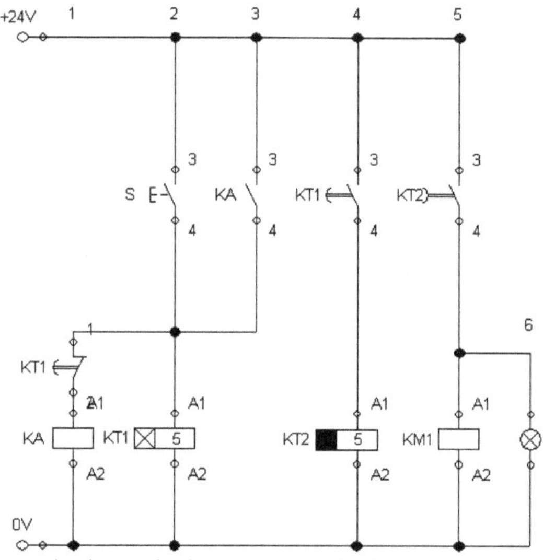

Fig.: 105 Circuito de control ejemplo 1, Sim: FluidSIM

4.5.2 Ejemplo 2

Semáforo electromecánico.

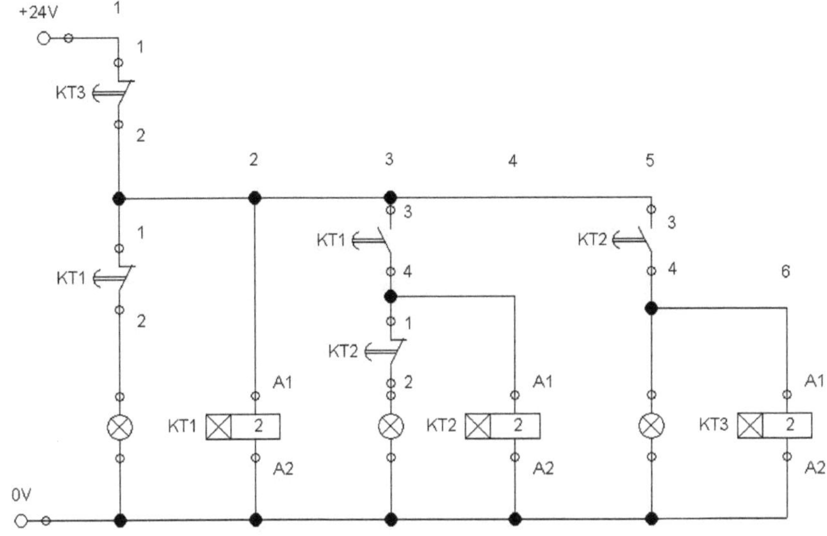

Fig.: 106 Circuito de control ejemplo 2, Sim: FluidSIM

4.5.3 Ejemplo 3

Circuito de control y fuerza taladro de pedestal con subida y bajada motorizada de la mesa.

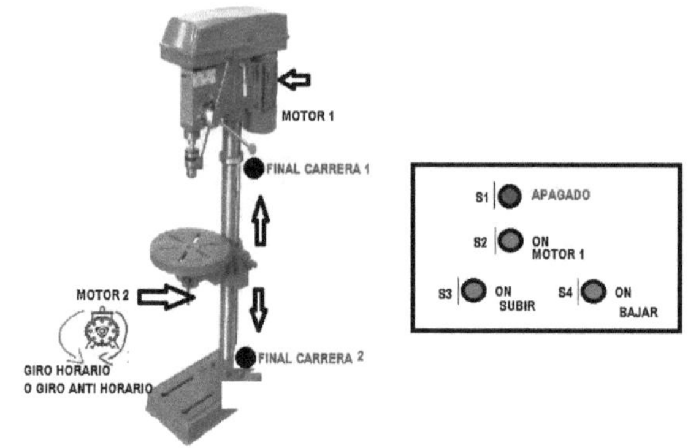

Fig.: 107 Planteamiento del ejemplo 3

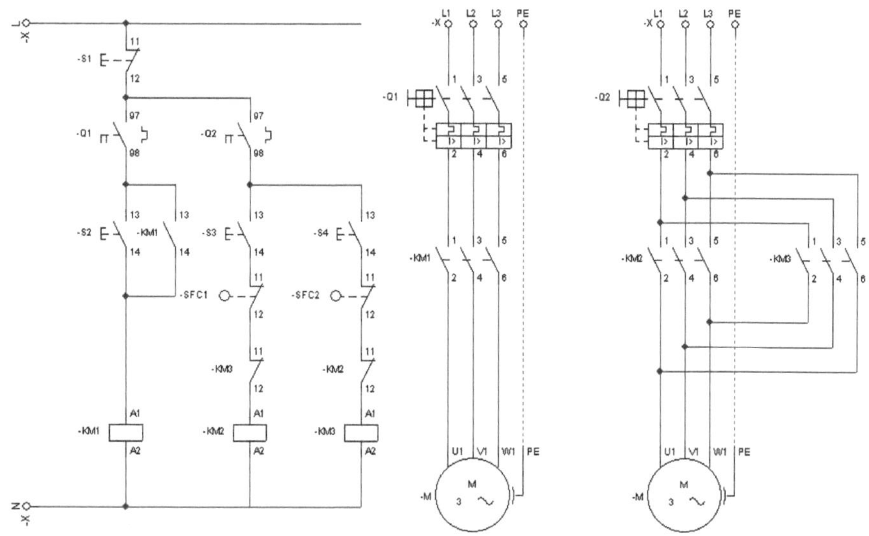

Fig.: 108 Circuito de control y fuerza ejemplo 3, Sim: CADe_SIMU

4.5.4 Ejemplo 4

Control de encendido de un torno. S0 = pulsador apagado, PE= pulsador de emergencia, S= pulsador giro1 mandril, S2= pulsador giro 2 mandril, S3= interruptor/encendido apagado de la bomba.

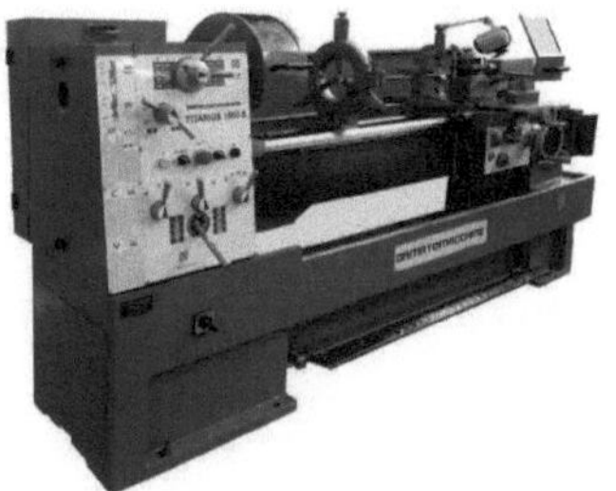

Fig.: 109 Planteamiento del ejemplo 4

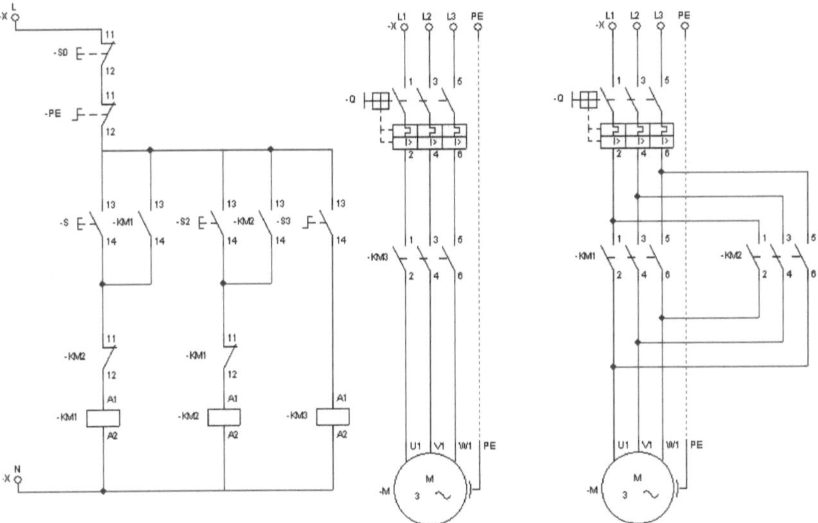

Fig.: 110 Circuito de control y fuerza ejemplo 4, Sim: CADe_SIMU

4.5.5 Ejemplo 5

Cuando se pulsa marcha, el carro de la figura se mueve hacia la derecha y cuando llega al fin de carrera "b", comienza a moverse hacia la izquierda hasta llegar de nuevo al fin de carrera de "a", donde se detiene hasta que se pulse nuevamente marcha.

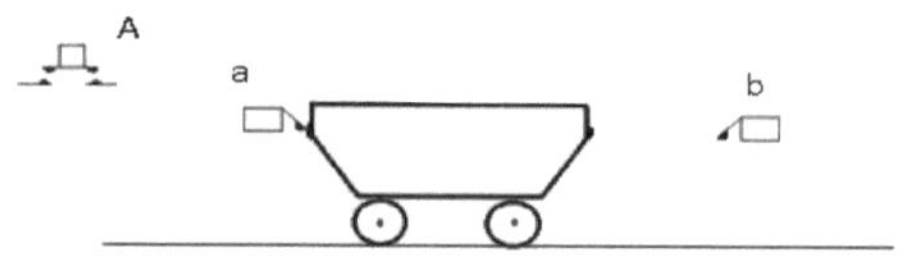

Fig.: 111 Planteamiento del ejemplo 5

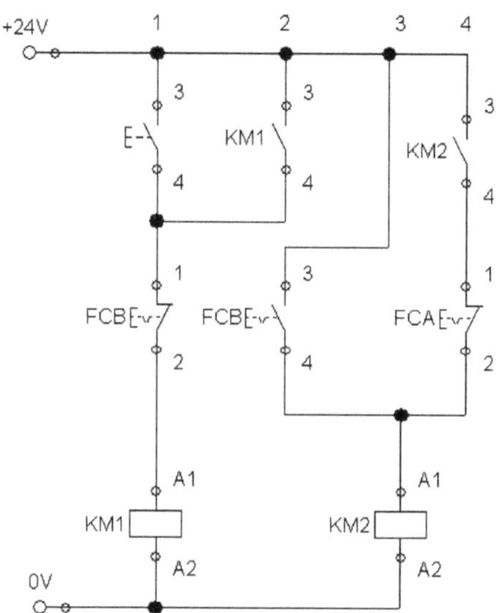

Fig.: 112 Circuito de control ejemplo 5, Sim: FluidSIM

4.5.6 Ejemplo 6

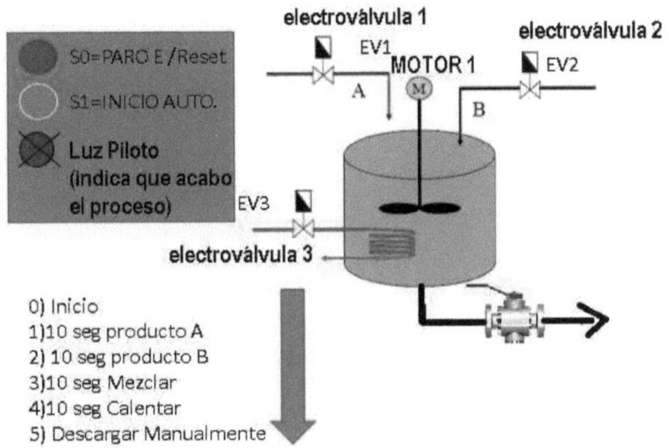

Fig.: 113 Planteamiento del ejemplo 6

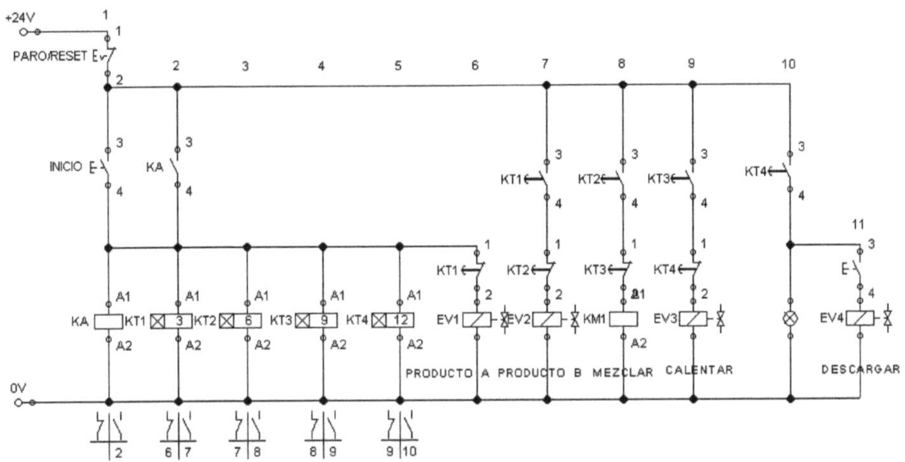

Fig.: 114 Circuito de control ejemplo 6, Sim: FluidSIM

4.5.7 Ejemplo 7

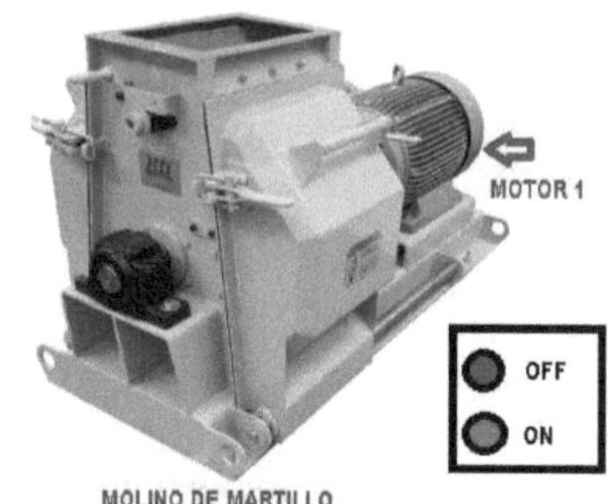

Fig.: 115 Planteamiento del ejemplo 7

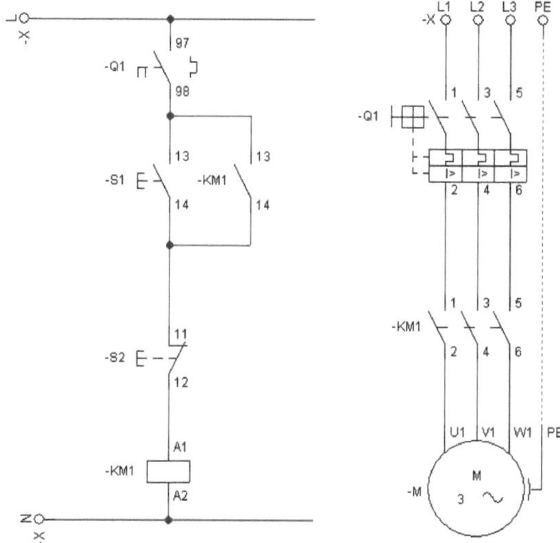

Fig.: 116 Circuito de control ejemplo 7, Sim: CADe_SIMU

4.5.8 Ejemplo 8

Secuencia de encendido Motor1 -> Motor2

Secuencia de apagado Motor1 -> Motor2

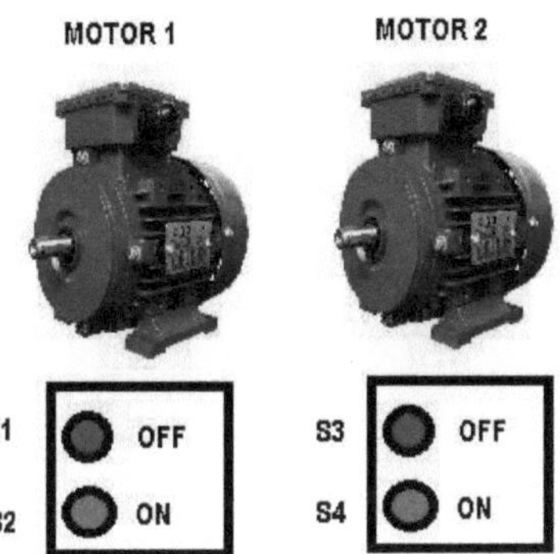

Fig.: 117 Planteamiento del ejemplo 8

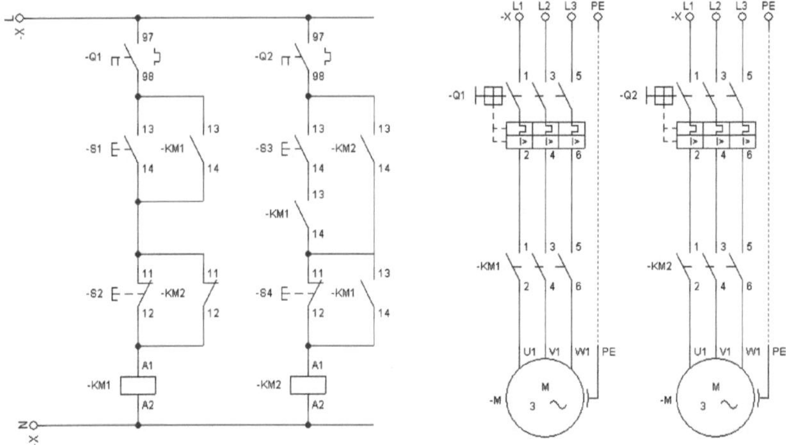

Fig.: 118 Circuito de control y fuerza ejemplo 8, Sim: CADe_SIMU

4.5.9 Ejemplo 9

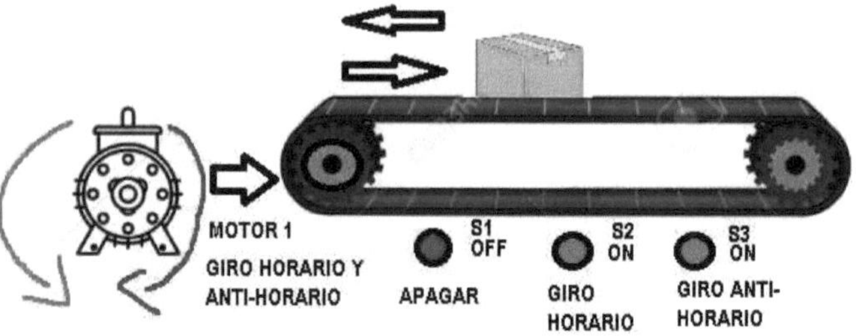

Fig.: 119 Planteamiento del ejemplo 9

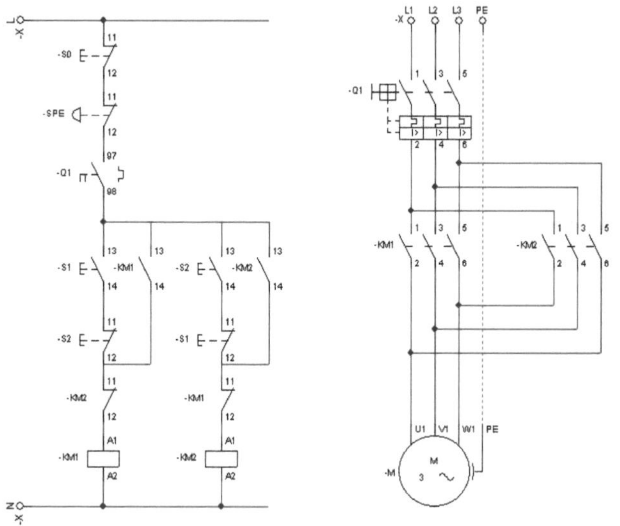

Fig.: 120 Circuito de control y fuerza ejemplo 9, Sim: CADe_SIMU

4.5.10 Ejemplo 10

Encender mezclador por 30 segundos.

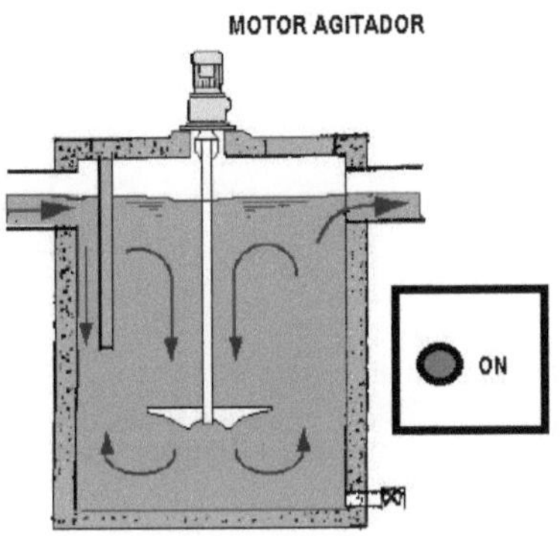

Fig.: 121 Planteamiento del ejemplo 10

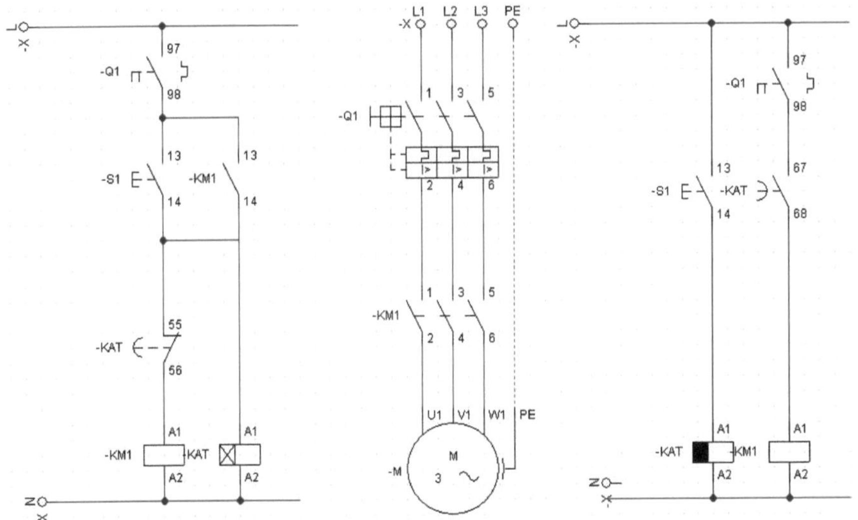

Fig.: 122 Circuito de control y fuerza ejemplo 10, Sim: CADe_SIMU

4.5.11 Ejemplo 11

Fig.: 123 Planteamiento del ejemplo 11

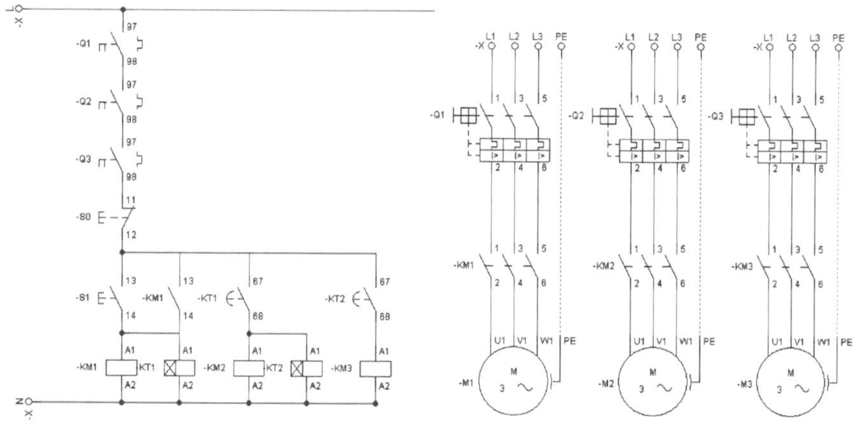

Fig.: 124 Circuito de control y fuerza ejemplo 11, Sim: CADe_SIMU

4.5.12 Ejemplo 12

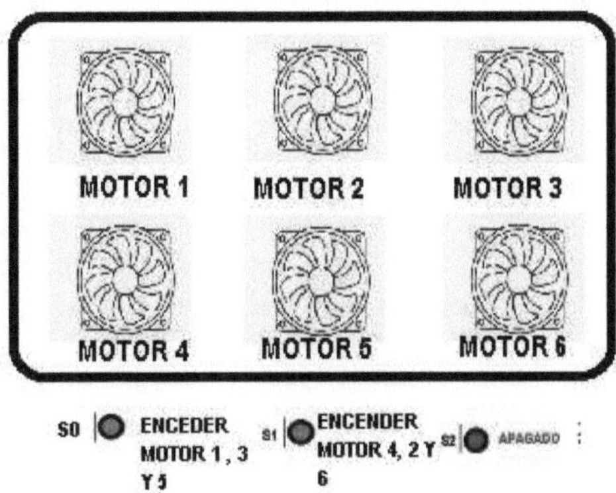

Fig.: 125 Planteamiento del ejemplo 12

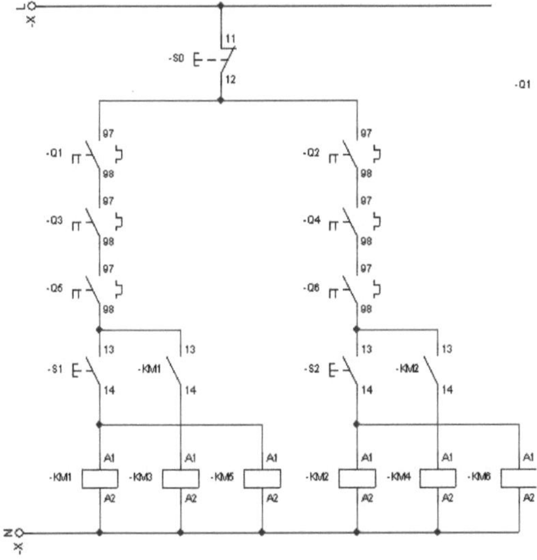

Fig.: 126 Circuito de control ejemplo 12, Sim: CADe_SIMU

4.5.13 Ejemplo 13

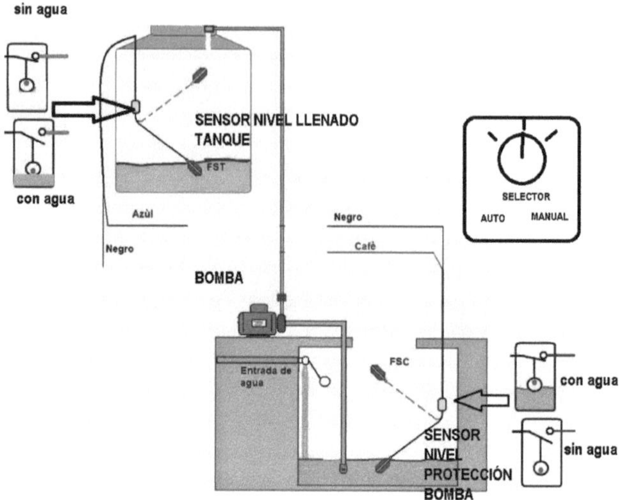

Fig.: 127 Planteamiento del ejemplo 13

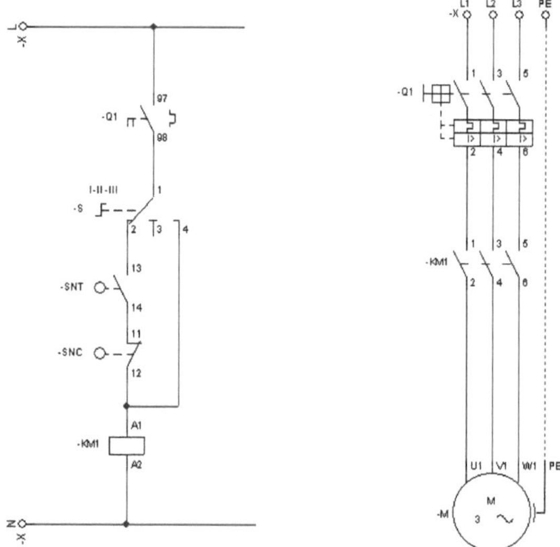

Fig.: 128 Circuito de control y fuerza ejemplo 13, Sim: CADe_SIMU

4.6 Ejercicios propuestos

4.6.1 Ejemplo 14

Secuencia de encendido de 4 bombas, al presionar inicio las bombas van a encender cada 10 segundos empezando por km1, puede apagar siempre que hayan encendido todas.

Fig.: 129 Planteamiento del ejemplo 14

4.6.2 Ejemplo 15 (control de encendido temporal de un motor agitador)

Al pulsar inicio va a encender km1 por 10 segundos. Descansa 2 segundos. Luego, enciende automáticamente por solo 5 segundos más.

Nota: mientras esté trabajando el agitador no debe permitir volver a presionar inicio hasta que acabe.

Fig.: 130 Planteamiento del ejemplo 15

4.6.3 Ejemplo 16 (sistema semiautomático para la elaboración de néctares)

- S0 apagado general

- S1 inicio el proceso automáticamente:

1. Ingresa por solo 10 seg **producto a / ev1(ka1)**

2. Luego, ingresa por solo 10 seg **producto b / ev2(ka2)**

3. Luego, **mezcla** por solo 10 seg **/motor (km1)**

4. Luego, **calentar** por solo por 10seg / **ev3 (ka3)**

5. Al final queda encendida la luz piloto para indicar que acabo.

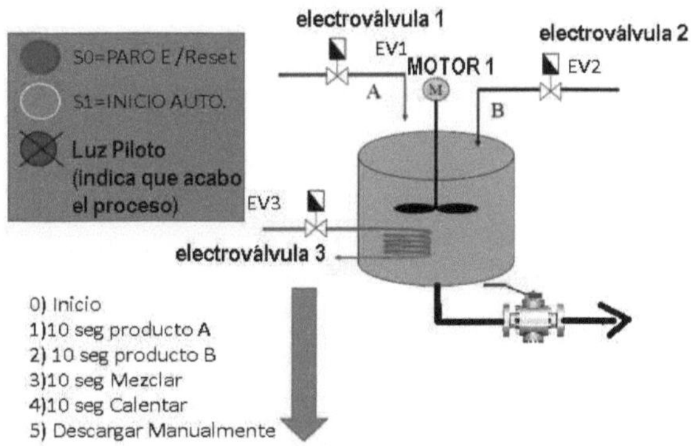

Fig.: 131 Planteamiento del ejemplo 16

Nota: para volver a realizar el proceso debe reiniciar o apagar.

4.6.4 Ejemplo 17 (sistema sincronizado de perforado de piezas cilíndricas)

1. Al presionar inicio enciende el proceso (encender bandas km1 y km2)

2. **Solo si km1 este encendido,** ka1 y ka2 se van a encender cada 3 segundos y se apagan luego de 0.5 segundos, **cuando enciende ka1 y ka2 se apaga la banda km1.**

3. Km2 enciende cada 3.10 segundos y se apaga luego de 0.3 segundos para perforar, **acabado de perforar vuelve a encender km1.**

4. Ka3 se encienden cada 6 segundos y se apagan luego de 0.5 segundos (**empiezan su ciclo después dar inicio**)

5. Ka3 se encienden cada 6.5 segundos y se apagan luego de 0.5 segundos (**empiezan su ciclo después dar inicio**)

6. Puede apagar cuando lo requiera.

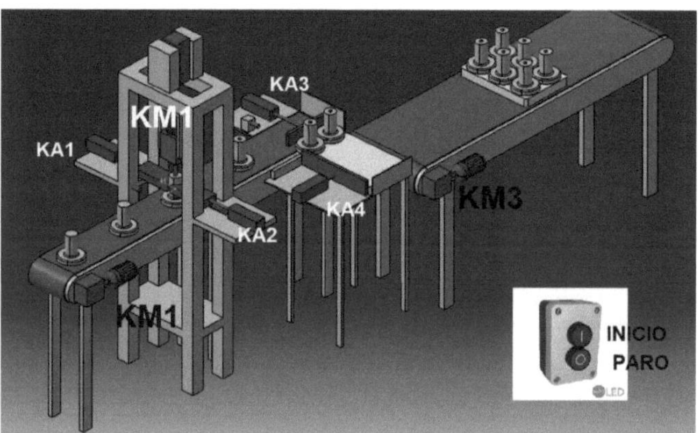

Fig.: 132 Planteamiento del ejemplo 17

4.6.5 Ejemplo 18 (sistema de prensado automático)

- Al pulsar INICIAR una sola vez se activa la BOMBA por 10 segundos para que baje el pistón.

- Si pulsa dos veces consecutivas INICIAR la BOMBA se activa por 20 segundos

- Al pulsar PARADA se apagado todo completamente, no hay restricción alguna.

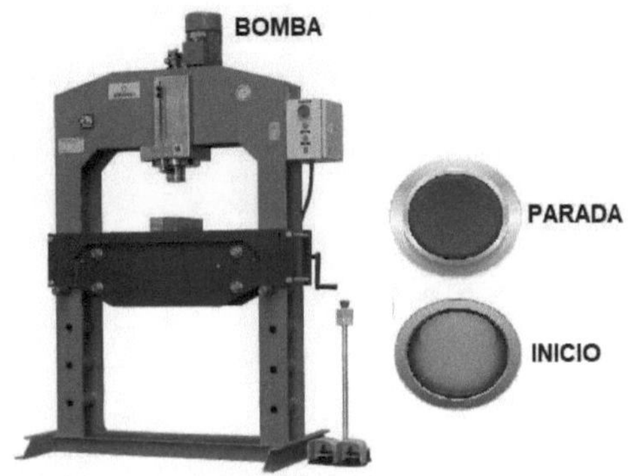

Fig.: 133 Planteamiento del ejemplo 18

4.6.6 Ejemplo 19 (sistema de llenado y tapado de botellas por tiempo)

* Al pulsar INICIO arranca el proceso, enciende el motor de la BANDA KM1.

* El pulsador STOP apaga en cualquier momento.

* Encendida la banda la electroválvula EV1(KA1) se va a activar cada 5 segundos y dura 2 segundos encendida.

* El motor 2 se activa cada 10 segundos dura 3 segundos encendido.

NOTA: EL EJERCICIO ESTA SIMPLIFICADO, ES UN CASO DIDÁCTICO.

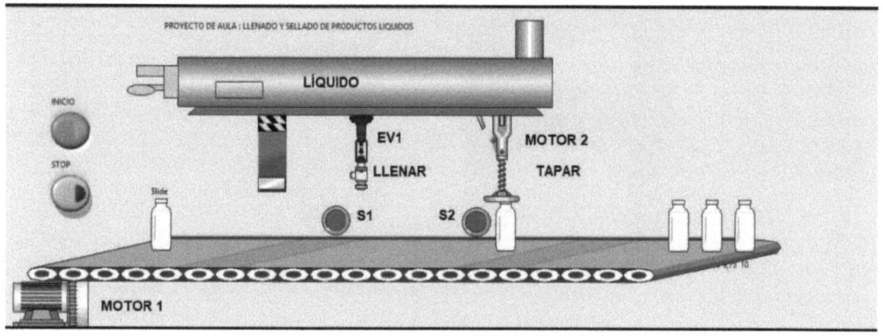

Fig.: 134 Planteamiento del ejemplo 19

4.6.7 Ejemplo 20 (proceso automático)

Al pulsar inicio arranca el sistema: considerar la pieza en posición inicial (ver figura)

1. Avanza la pieza (km1)

2. Se detiene cuando s2 detecta.

3. Cambia de giro (km2)

4. Se detiene cuando s1 detecta.

5. Vuelve a repetir el proceso infinitamente

6. Solo al pulsar paro acaba el proceso en cualquier momento. Y esperar a volver a iniciar

Nota: Mediante los sensores hacer que se enciendan contactores auxiliares para que puedan usar sus contactos (recomendación). Porque un sensor de ese tipo solo tiene 1 contacto conmutable por lo general.

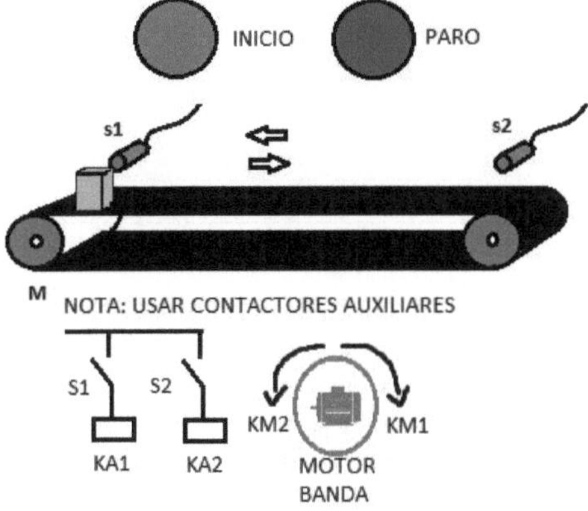

Fig.: 135 Planteamiento del ejemplo 20

4.6.8 Ejemplo 21

La Figura hace referencia a un horno de pan industrial, el modo de trabajo es el siguiente:

- El selector es de 3 posiciones; activa a KA1, KA2 O KA3 dependiendo de su posición, dando la opción de escoger la temperatura del quemador de 3 flamas (baja, media o alta). Obviamente solo uno a la vez encenderá.

- Al pulsar el botón ENCENDER HORNO arranca el proceso, enciende el quemador KM2 y el blower (ventilador) KM1. Ambos son motores monofásicos de 110V.

- El blower trabaja intermitentemente, encendiendo cada 5 segundos y descansando 5 segundos.

- Al pulsar APAGAR HORNO, para totalmente el mismo.

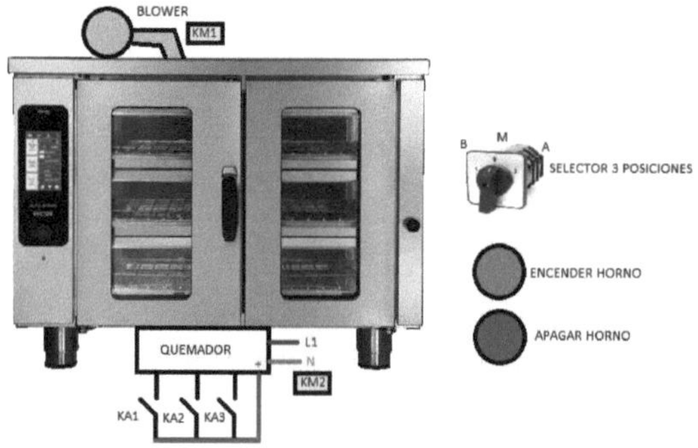

Fig.: 136 Planteamiento del ejemplo 21

4.6.9 Ejemplo 22

El funcionamiento es secuencial. Al dar inicio arranca el proceso:

1. Km1 enciende por 5 segundos.

2. Km2 enciende por 5 segundos.

3. Km3 enciende por 5 segundos.

4. Km4 enciende por 5 segundos.

5. Km5 enciende por 5 segundos.

6. Enciende Km6 y Ka1(Ev1) para hacer una recirculación y pasteurizar por 10 segundos.

7. Luego, enciende Ka2 intermitentemente cada 2 segundos y manteniéndose encendida 3 segundos, para llenar las botellas. También, esta encendido Km6 y Ka1(Ev1) nuevamente de manera normal no intermitente.

El proceso se detiene cuando pulse paro, en cualquier momento. Apago general.

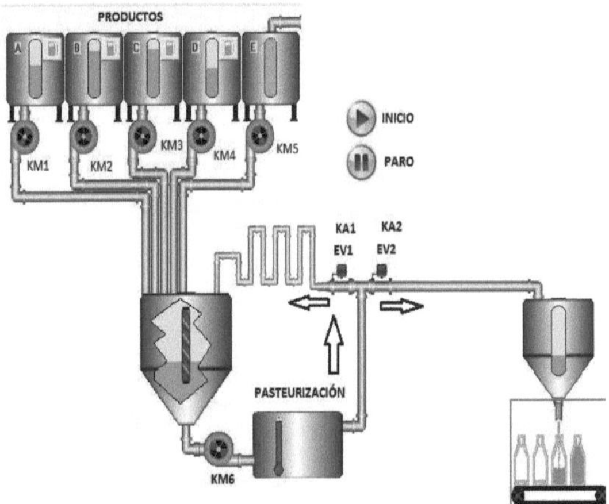

Fig.: 137 Planteamiento del ejemplo 22

4.6.10 Ejemplo 23

Funcionamiento: Al pulsar INICIO empieza el proceso **secuencial.**

1. Enciende la Bomba M1 (KM1) y la electroválvula KA4 **hasta llenar** el tanque al nivel SM.

2. Luego, enciende la Bomba M2 (KM2) y la electroválvula KA5 **hasta llenar** el tanque al nivel SA.

3. Llenado el tanque, procede a activarse KA6 intermitentemente; encendiéndose por 5 segundos y pausando 2 segundos, para permitir cambiar de botella en el llenado. **Este punto continuará hasta que el sensor SB deje de detectar indicando que no hay agua y vuelva a repetir el proceso automáticamente.** (Volver al punto 1).

 El proceso se puede parar en cualquier momento. Paro general

Recomendación: Usar contactores auxiliares, ya que el sensor solo tiene un contacto NA.

<u>Los sensores funcionan de tal manera que cuando estén detectando agua su contacto NA se cierra.</u>

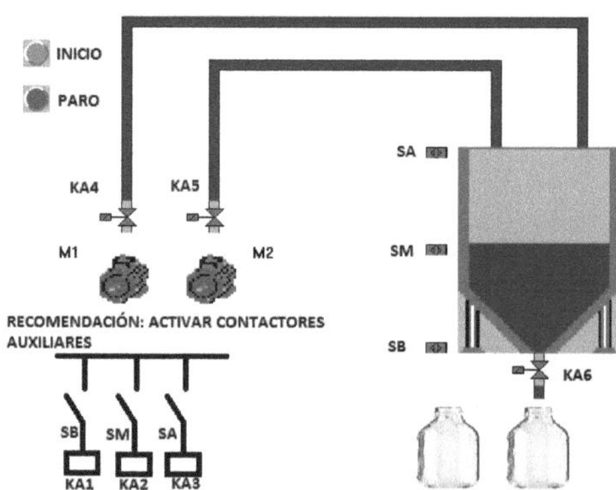

Fig.: 138 Planteamiento del ejemplo 23

I want morebooks!

Buy your books fast and straightforward online - at one of world's fastest growing online book stores! Environmentally sound due to Print-on-Demand technologies.

Buy your books online at
www.morebooks.shop

¡Compre sus libros rápido y directo en internet, en una de las librerías en línea con mayor crecimiento en el mundo! Producción que protege el medio ambiente a través de las tecnologías de impresión bajo demanda.

Compre sus libros online en
www.morebooks.shop

KS OmniScriptum Publishing
Brivibas gatve 197
LV-1039 Riga, Latvia
Telefax: +371 686 204 55

info@omniscriptum.com
www.omniscriptum.com

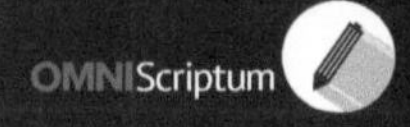

Printed by Books on Demand GmbH, Norderstedt / Germany